友者生存4
为全世界加分

李海峰　张　弛　肖逸群　主编

华中科技大学出版社
http://press.hust.edu.cn
中国·武汉

图书在版编目（CIP）数据

友者生存.4,为全世界加分/李海峰,张弛,肖逸群主编.—武汉:华中科技大学出版社,2024.5

ISBN 978-7-5772-0707-0

Ⅰ.①友… Ⅱ.①李…②张…③肖… Ⅲ.①成功心理-通俗读物 Ⅳ.①B848.4-49

中国国家版本馆CIP数据核字(2024)第062949号

友者生存4：为全世界加分　　　李海峰　张弛　肖逸群　主编
Youzhe Shengcun 4:Wei Quanshijie Jiafen

策划编辑：沈　柳
责任编辑：沈　柳
封面设计：琥珀视觉
责任校对：刘　竣
责任监印：朱　玢
出版发行：华中科技大学出版社(中国•武汉)　　　电话:(027)81321913
　　　　　武汉市东湖新技术开发区华工科技园　　　邮编:430223
录　　排：武汉蓝色匠心图文设计有限公司
印　　刷：湖北新华印务有限公司
开　　本：880mm×1230mm　1/32
印　　张：8.625
字　　数：216千字
版　　次：2024年5月第1版第1次印刷
定　　价：55.00元

本书若有印装质量问题,请向出版社营销中心调换
全国免费服务热线: 400-6679-118　　竭诚为您服务
版权所有　侵权必究

PREFACE
序 言

一个人的力量,有可能因为服务的对象不同而倍增。

一个人为了自己,可能不努力,但是如果为了家人,往往潜力一下子就被挖掘出来了。我曾经问过一些财务自由、工作忙碌的人,问他们为什么还这么拼? 我得到的答案是:为全世界打工。

如果打工这个说法有约束的感觉,那我换个说法:**为全世界加分**。

它可以成为你一个**主动的选择**,和你是否财务自由没有关系。

其实很多时候,**做一件小事和一件大事,你付出的心力是一样的**,那么,我们可以大胆一点去做大事。

人生有高低起伏很正常,如果你目前在逆境,**照顾好自己,就是在给这个世界加分**,因为你也是世界的一部分。

每一个人都是一个小世界,每篇文章里都住着一个灵魂。

这本书收录了38位联合作者的文章,每篇文章彼此独立。你可以先通读一遍,我们把大家的二维码都放到书里。如果你发现了同频的作者,不仅可以多读两遍他的文章,还可以直接扫码联系他,相互交流。我分享一下我的读书笔记,作为你的"开胃小菜",相信你一定会在这本书里有很大的收获。

赵丹妮(Elena)是北外世界青少年模联大会成员。她说,ChatGPT横空出世,按下了翻译和外语教育转型的"加速键"。人工智能的到来,对我们掌握外语能力和培养数字人文素养提出了更高的要求。

镖哥是目标达成教练。他认为,正所谓没有稳定的职业,只有稳定的能力。他将不断修炼自身能力,帮助更多需要帮助的人。

曹华是家庭教育指导师。曾经,她对全职妈妈这个角色充满迷茫和恐惧;而现在,她依然是一名全职妈妈,但她以此为傲,内心充满喜悦。

陈镇强是家庭财富顾问。谈到理财和家庭财富规划,他说离不开保险这个话题。保险在家庭财富中占据非常重要的地位,发挥着关键作用。

马能艳(Jane)是组织发展顾问。她说,未来已来,如果可以,她希望自己成为那道光,和光同尘,与卷同舒,身披晴朗。这或许就是我的使命,她将不辱使命,勇往直前迈向星辰大海,一路繁花似锦。

温杰是财富赋能系列课程研发人。她认为,创伤只是过去,作为成年人的我们,当下有能力选择是活在过去的创伤中,还是选择活在当下,从中汲取力量,为自己的未来创造无限的可能。

戴戴是幸福脑教育创始人。她在35岁那年,因为创业,找到了她的人生使命:带领中国家庭拥有幸福的能力!她给自己定了一个小目标:先帮助10万个家庭!没想到,仅仅过了一年,她就已经帮助了5万个家庭。

高莹是企业及个人发展顾问。她相信,每位女性都是"无价之姐",都有无限的价值和潜力,都可以找到一条充满力量和温暖的成长之路。

山海教练是个人效能提升教练。他的观点是:精力的提升关键在于"行动"。从最能激发您动力的方法开始,持之以恒,相信在1个月内,您就会感受到明显的进步;3个月后,您的精力水平将实现质的飞跃,一年之后,通过有效的精力管理,您将实现人生蜕变,活出自己的梦想人生。

蒋劲梅是正心格练字创始人。多年经历让她深刻体会到人生战略的重要性,要明白为何而战,如何在自身优势上发挥极致。

今元是人保部高级私人心理顾问。她认为,痛苦并不复杂,它其实就是各种情绪和认知信念的集合体,所谓的创伤事件亦如是。我们对恐惧的恐惧,远比恐惧本身更可怕。

娟子季专注于中医养生10余年。她说,人生如同一所学校,我们来到这里是来学习的,最终实现自我觉悟和通透。因此,我们见天地、见众生,最终是为了见自己!

李晶是 DISC+社群联合创始人。她呼吁:陪伴孩子和自我成长,这两者都不需要放弃,为了遇见更好的自己,继续前往在这条道路上。

李晓迪是国有金融企业内训师。十年间,尽管做义工从未给她带来任何收入,但她的内心始终感到平静和满足。她渐渐明白,这个世界根本就不是一个名利场,而是我们分享和表达爱的舞台。

李雪是斯坦福设计人生认证教练。她说,相较于建议,中年女人更需要的是陪伴,她们需要被需要和被看见。她们不需要别人对她们貌似友好的建议,也不需要社会对她们的苛刻评判。

马颂华有 20 年幼儿园一线教学和管理经验。她认为,从把握孩子成长的关键时期到成为孩子们的学习榜样,再到面对未来挑战的家庭教育规划,家长的每一次努力都至关重要。

裴欢(Stella)是上海爵兴咨询创始人。她的观点是:没有人是完美的,我们都会犹豫、会紧张。要相信自己,依靠自己,相信自己一定具备解决问题的能力。

裴雅格是时间管理践行者。她要打破现状的安逸,创造更加美好的生活,不论做什么事情,她都不会轻言放弃。同时,她会保持善良,怀揣一颗感恩的心。

纡玫是 DRUID 定制珠宝主理人。她说，人生并非一帆风顺，她羡慕那些真正活出自我的人，无论他们选择何种生活方式，他们都按照自己的心意而活，这种坚持足以打动她。

睡莲是 AI 英语项目联合创始人。她说，利用先进的 AI 技术和工具，将学习融入孩子的日常生活，并通过富有趣味性的方式持续练习，将是提高他们英语词汇量和整体水平的有效途径。

汪娜君是少数派职业教练。她将引导你将每一分每一秒的时间投入到最有价值的事情上，屏蔽噪音、摆脱内耗、突破自我，活出内外一致的自在人生。

王贺是知时教育科技创始人。展望未来，他希望做点有意义的事，将这份幸运和爱传递给更多的人，他渴望链接更多志同道合的伙伴，一起发挥彼此所长，一起赋能更多的咨询师，进而帮助更多人在充满不确定的时代实现幸福的生活。

梁伟东是团队教练、中高管教练、精力管理教练。他说，世界上没有绝对的黑白之分，为了生存，我们有时不得不采取"非黑即白"的简化思维，甚至不惜颠倒黑白。

烁琦是井言身心平衡创始人。她认为，婚姻的经营需要双方的共同努力，相互理解、包容和调整自己，我们无须要求对方改变，先做好自己就行了。

晰姐是精彩人生研习社主理人。她希望每一个在人生分叉路口徘徊不定的人,都能最终选择真正属于自己的那条路。

晓明是抖音流量操盘手。工作4年,他曾创作过200条短视频文案,这些内容的累计播放量已突破亿次;在他的操盘下,合作IP项目单月产值超过了百万元;在视频号运营中,他实现了单个项目月涨粉10万,矩阵号变现百万元的成绩。

徐小婉是女性疗愈赋能成长导师。作为一个成年的学习者,她通过学习改变了自己,成就了自己。她说,如果我可以,那么你也一定可以,我们的孩子同样可以。让我们拥抱新的学习模式,构建我们的思维框架,和孩子们一同成长,一同走向更加美好的未来。

张丹娜是如愿空间设计创始人。她说,创业者的勇气和心力就像一双隐形的翅膀,助力我们在风雨中飞翔,让我们在困境中重生。

陈妍凝是转折点教练。她宣告:在精通教练的这条路上,我将致力于支持他人不断迭代他们的人生定义,从而推动全球意识的进化。

周老师是CMC国际注册管理咨询师。展望未来,他给自己设定了未来五年的三个目标:为好产品代言,为好项目呐喊,为好企业倾注心力;完善咨询培训体系,撰写并出版两本经得起时间考验的个人专著;赋能36位有志于从事商业咨询的伙伴,毫无保留地分享他的经验与方法。

朱林月是民商法学硕士，擅长提供网红经纪、直播、短视频等领域的法律服务。她专注于为知识主播提供专业的法律服务，深谙MCN机构、供应链的运作机制以及产品内容所涉及的知识产权风险，致力于为IP的长远变现提供全面的法律保护！

子阳是头部IP财务顾问。作为一名资深的财税咨询服务专家，他熟悉网红、IP达人等高净值人群在财税处理上的独特性需求和挑战。

平钧（Bruce）是世界500强公司职业经理人。他说，实践利他主义的人也是最受大家欢迎的，而机会和成功也终将青睐那些为他人着想的人。

帆总（Fancy）是2021年福布斯U30媒体榜最年轻上榜者。现在的她，不仅是一个行为利他的人，更成为一个确实能够真正以他人的行为准则进行沟通的人。

竣清是千万级私域发售操盘手。他从一名老师转型摆地摊的人，从一个服务员成长为部门经理，经历投资血本无归，再到带领学员一年内累计变现1000多万元。

黄士原一直致力于中小企业的服务。在经营管理方面，他认为要想成为赢家，必须做到以下五点：要有危机意识；要有沟通能力；要有财务管理的能力；定期检讨与总结；大处着眼，小处着手，公司要制定目标和方向。

张晶花是国际注册心理咨询师。她说,在修复内在创伤、疗愈人格的过程中,外部环境的放松与自由至关重要,它将是通往内心安宁和人格完整的关键所在。

悦平是族豪教育创始人。作为互联网创玩家,她致力于让互联网成为国人日常追求更美好生活过程中不可或缺的强大资源,让"人人是恩师"的理念深入人心。

有的时候,我们会思考:这个世界是否会更好?

如果这个世界是指外部大世界,是否会更好?我们不知道。但是我们自己可以变得更好,也可以因为自己的存在让这个世界变得更好。从我们自己也是一个小世界的角度来看,我们变得更好,很有必要。

这个时候,我们选择的身份,**不是旁观者,而是创造者**。

我会变得更好,你会变得更好,这个世界会变得更好。

李海峰

独立投资人

畅销书出品人

贵友联盟主理人

2024.04.28

目录 CONTENTS

如何改变陈旧、落后的英语学习模式？	**镖哥个人成长记**	**普通妈妈的十年蜕变**
赵丹妮（Elena）	镖哥	曹华
1	*7*	*16*
35岁的互联网公司老板，二次创业，为何选择卖保险？	**成为那道光**	**创伤也是资源**
陈镇强	马能艳（Jane）	温杰
23	*31*	*37*
北大博士后，辞职当网红	**无价之姐**	**高效提升精力，激活职场元气**
戴戴	高莹	山海教练
41	*47*	*54*
想清楚自己的人生战略，才能更好地创业	**穿越痛苦，活出闪闪发光的自己**	**一个村妇的半生浮华**
蒋劲梅	今元	娟子季
64	*71*	*77*
为了遇见更好的自己，我一直在路上	**活成一个小太阳，闪耀人间**	**拥抱你，治愈我**
李晶	李晓迪	李雪
84	*90*	*96*

在 AI 时代培养孩子的关键——家长，你的角色正在升级 马颂华 *101*	**用美好的事物治愈自己，迎接生命的挑战** 裴欢（Stella） *109*	**活出无愧于自己的人生** 裴雅格 *116*
旅行看世界 纾玟 *121*	**AI 时代，让孩子轻松掌握 3000 个词汇的奥秘** 睡莲 *127*	**越靠近商业，越让我与父母、自己和解** 汪娜君 *134*
让我们一起传递幸福 王贺 *140*	**为什么不能非黑即白？** 梁伟东 *147*	**我的上半场人生** 烁琦 *154*
做自己，书写属于我的精彩人生 晰姐 *161*	**知识 IP 如何通过矩阵，十倍放大你的赚钱能力？** 晓明 *168*	**做一名面向未来的教育者** 徐小婉 *178*
从 0 到 1：设计人的创业之路 张丹娜 *185*	**重新定义你的人生** 陈妍凝 *192*	**从"学渣"到"上市公司顾问"，我如何逆袭突破？** 周老帅 *200*

目录

流量 IP 的法律风险及"避坑指南"	**网红挣的钱能揣热乎吗？**	**世界上最伟大的公司**
朱林月 *209*	子阳 *217*	平钧（Bruce）*224*
写在年少有为长大时	**只要足够努力，就能发出属于自己的光芒**	**中小企业经营管理经验谈**
帆总（Fancy）*229*	竣清 *237*	黄士原 *244*
自我疗愈，活出自在圆满的人生	**读懂关系和生活，捕捉梦想的火星**	
张晶花 *250*	悦平 *256*	

> 我建议孩子们一定要多看英文原版书籍或者他们比较感兴趣的、比较地道的英文材料。

如何改变陈旧、落后的英语学习模式？

■ 赵丹妮（Elena）

外研社英语系列赛事一等奖获得者
北外世界青少年模拟联合国大会成员

在科技巨头崛起、互联网发展迅速的美国，能被上传到云端的信息也只有极少数。即便在享誉世界的顶尖学府——常春藤名校的图书馆里，能被上传的信息也仅占不到3%。

ChatGPT横空出世，按下了翻译和外语教育转型的加速键。人工智能的到来，对我们掌握外语能力和提高数字人文素养提出了更高的要求。

作为多次在外研社英语系列赛事中获得河南省第一名、全国一等奖的选手，我希望与您分享我对英语学习的看法和建议。无论您是职场精英，想通过熟练掌握英语赋能未来，还是家长，希望帮助孩子提升英语成绩，我的建议可能对您有帮助。

明确英语学习目标，让学习事半功倍

近80%的孩子在学习英语的方法和动机上存在误区，在错误的道路上越走越远。我们都知道，近年来国家对英语教学提出了新的课纲要求，总的来说，就是要培养学生的英语综合应用能力和批判性思维。这意味着过去那种死记硬背、无法实际运用的学习方法要被淘汰了。我身边不乏这些错误的学习案例：学生在平时学习中牢记时态规则和单词，作文也天天背，但一到考试，面对具体情景下的应用能力考察时，就不会了。这种只知机械重复、不懂融会贯通、无法高效输出的英语学习模式是行不通的。

输入输出高效结合，提升英语竞争力

在未来，能让孩子通过英语全面提升自己在大学及职场的竞争力的学习方式包括以下几种。

关于输入

我建议孩子们一定要多看英文原版书籍或者他们比较感兴趣的、比较地道的英文材料。例如，我上初中的时候是走读生，每天都会坚持至少听 20 分钟的英文听力。因为听力话题是我自己选择的，所以我听起来不会有抵触情绪。坚持每天或者每周一定时间的英语听力练习，你会发现自己在语音、语调、连读、弱读等方面有很大提升。

关于输出

检测输入效果的最好方法就是让孩子们尝试用已掌握的词汇和句子结构去输出，书面或者口头表达都可以，可以个人练习或者和语伴一起练习。对于初高中生来说，在有限的时间内，将自己的观点写出来，然后思考词汇替换和句型升级，这就是在检索自己的知识库，并对其内容进行挑战和更新的过程。作为学生，其实我们都有过在考试时就是想不出，考试后却突然恍然大悟的经历。究其深层原因，是因为我们对词汇和句型掌握得不够熟练。输出练习可以有效解决孩子们在考场压力下的写作难题。

关于阅读

我一直认为阅读很考验一个学生的综合能力，它综合考验了学生的词汇量、理解力、做题技巧和时间管理能力。在做阅读题目时，要特别注意审题。很多学生就是因为不仔细审题或凭主观臆断，完美绕开了正确答案。文章都看懂了，在审题上栽跟头就是犯非知识性错误了。在正式开始读文章之前，我们应该先用笔圈出题干中的关键词，明确问题是什么。采用"关键词定位法"（有可能文章中出现的词是题干关键词的近义词）来阅读文章，遇到一时读不懂的句子，不要着急，耐心多读几遍。如果不影响整体理解，就大胆跳过去，不要因为一句话就耽误整篇文章的阅读节奏。前面探讨的主要是考试中的阅读题型的应对方法。在日常的英语学习中，可以选择适合自己水平和感兴趣的英文读物，遇到生词，不必逐一查询，那样会很低效。你可以选择一些优美的形容词和动词进行重点学习摘抄，遇到高级句型也要留心积累。这样日积月累，不仅词汇量、知识面、阅读速度和理解能力会显著提升，对英语学习的兴趣也会随之增长。

词汇学习

最后，我们来说一说词汇的学习。我并不提倡通过机械重复的方式，例如不断地朗读"abandon，abandon"来进行记忆。单词学习的核心在于理解其在语境中的含义。一个英文单词的含义有很多，而考试往往会考熟词僻义，这就需要学生们找出课纲单词，在词典里好好查一查这些单词的不同用法，建议阅读英文解释和英文例句，能让你体验到原汁原味的英文表达。在阅读中遇到你认为有意义的英文单词，也要把它记录下来，去查它的音标、固定搭配、同义词和近义词等。通过这样一点点的积累，你就能构建属于自己的词汇知识库了。

批判性思维如何培养？

对于批判性思维的培养，我非常鼓励同学们在日常生活中积极思考社会问题，尝试从政治、经济、社会、文化等不同角度出发，通过写作和讨论来表达自己的见解。这样的实践不仅是一个非常好的输出机会，还能帮助你深入理解社会的运行机制。以上建议主要针对应考的学生，当然，**日复一日的坚持练习和扎实的基本功才能让孩子在英语学习上行稳致远。**

成年人如何高效学习？

在成年人的英语学习过程中，输入和输出部分可以参考上面的建议。需要补充的是，成年人可以充分利用网络资源，对当下流行趋势也比较了解，这为大家学习英语提供了很大便利。如果时间充裕，可以选择一些适合自己水平的线上英语课程，老师们会更系统地帮你解决学习难题。将英语学习融入你的日常生活：走路时，聆听英文博客；喝咖啡时，翻阅英文日报；周末放松时，观看英文电影或者电视剧，带字幕或不带字幕的都可以尝试。同时，及时记录生词和词汇，搭建自己的词汇体系。此外，加入英文学习小组，与他人交流学习心得。

幼儿阶段和学龄前后孩子英语学习习惯的培养

在这一阶段，我们要开发孩子的英语潜能。首先，明确儿童英语启蒙的目标：学龄前的儿童应掌握一些基础日常词汇，学会基本的日常沟通，培养主动表达自己意愿的能力。那么，如何通过游戏创造一个良好的英语启蒙环境呢？以下是一些建议，分为室内和室外两个部分。

室内与室外学习建议

在家里，可以在吃饭时间播放英语歌曲、故事等，让孩子熟悉英语的语音、语调，也就是"磨耳朵"。鼓励孩子和其他小伙伴用英文交流。在户外,家长要有意识地引导孩子留心生活中的英文知识,如红绿灯、旋转木马和斑马线的英文表达,这样的实践能显著促进英语思维的培养,并激发孩子对英语学习的兴趣。

英文读物的选择

在选择英文读物时,应考虑孩子们感兴趣的主题,如动物、玩具、家庭等,以让他们保持注意力集中。内容上,建议选择英文绘本。在阅读过程中,家长要注意引导孩子发挥想象力,增强认知能力,鼓励孩子对画面进行描述,这对他们未来语言表达能力的提升非常重要。如果孩子已经掌握书中的大部分单词,家长们可以鼓励孩子大声朗读,这不仅能帮助孩子建立自信,还能通过持续的朗读培养良好的语感。学龄前后持之以恒的阅读习惯,将为他们在小学和初中阶段的英语学习奠定基础。

我认为,学习英文不存在所谓的"太早"或者"太晚"。**只要你愿意学,愿意坚持,你的努力一定不会白费**。多年的英语学习,带给我的改变是巨大的。在学生时代,优异的英语成绩带给我极大的自信,也显著提升了我的学科总分;参加各种英语竞赛活动,我结识了许多志同道合的朋友,更加坚定了通过英语为中国外事外交事业贡献力量的梦想。时至今日,在英语学习之路上,我是快乐的、幸运的,但也并不是一帆风顺的。面对挫折,我选择坚持下去,一路孤军奋战,只为实现最初的梦想。我很喜欢毛主席的一首词,与大家共勉。"东方欲晓,莫道君行早。踏遍青山人未老,风景这边独好。"希望这篇文章能为那些在英语学习之路上感到迷茫的朋友提供一些帮助。You are never alone. I'm always here, cheering you on.(你永远不孤单。因为我一直在这里,为你摇旗呐喊。)

> 你在一个公司取得成功,并不一定是你自己优秀,而是平台放大了你的能力。

镖哥个人成长记

■ **镖哥**

目标达成教练
国际注册质量总监(CQD)
国际项目管理专业人士(PMP)

我是哪里人？

我是一名"80后",来自云南临沧的一个普通家庭。当时,我的家乡还是一个贫困县,除了茶叶,几乎没有什么其他的经济来源,所以我小时候的家庭经济条件非常不好。但同时,我也是富有的——我有爱我的哥哥、姐姐、妹妹和弟弟。

为什么在升职加薪后选择离职？

2003年,我从大理学院的电子技术应用专业毕业后,通过学校的安排,进入东莞一家港资企业工作。在那批十几位同学中,我是唯一的男生,因此被安排到仓库担任程序烧录员,负责为手机芯片烧录特定的软件。半年后,由于我的表现不错,主管提拔我为仓管员,不再需要从事重复性的工作,工资也涨了几百元。

日常的仓库发料和记账工作我还能应对,但有一次,我和同事出差去惠州收取物料,要搬几十箱重达几十斤的电脑主板上车,回到公司还要搬下车,这时我就已经下定决心辞职(那时,同学们已全部回家)。

我第一次为工作目标的努力以失败告终

这次工作并没有让我运用上在学校所学的知识,这不是我想要的工作,我当时的目标是成为一名技术工程师。所以,工作1年后,我攒够了学费,在同事和主管的疑惑目光中,我前往相距400多千米的一个城市，报名了一所职业培训学校的半年制课程（之前学校主要以理论教学为主）。

2004年底，经过半年的刻苦学习和实操培训，我终于结业了，对目标工作也充满了期待。

可是，理想很丰满，现实却很骨感，虽然学校推荐我去东莞的一个知名企业工作，但不是技术岗。至此，我想通过半年职业培训转型为技术人员的目标以失败告终，因为我知道，在公司内部，要想从其他岗位转向技术岗是很困难的事。

为了工作目标，我第一次独闯深圳

在新公司工作了3个月后，我不甘心就此放弃，决定独自前往深圳闯一闯，不再依靠培训学校的推荐。那时的社会治安不是很好，独自外出寻找工作，我内心还是有点忐忑的。

2005年初，我约了一个小伙伴一起离职，怀着不安与期待的心情坐上了从东莞开往深圳的大巴，开启了我艰难的求职之旅。

我买了地图，查询公交路线，找住宿，走访人才市场（准确地说是职业介绍所），投简历，跑一个又一个工业区，直到两脚起泡、鞋底破损，只为了不错过任何一个公司门口的招聘广告。由于没有工作经验，要找一份与技术沾边的工作的确不容易。

在跑了几十个公司后，经过半个月的努力，我最终找到了一份电源产品维修的工作。入职的那一刻，我欣喜若狂，做好了大显身手的准备。

从理论到实践，我不断分析和解决产品问题，不到1个月就完全上手。几个月后，好像在技术上已经没有什么挑战了，遇到的所有问题我都可以很快解决，但工作开始变得重复，分析工作也变成了例行公事。

寻找新的工作

意识到当前岗位技术提升的空间有限后，我开始关注当时市场上最流行的 MP3 和 MP4 产品。一方面，这些产品比较新颖；另一方面，它们的技术更复杂，对我的技术水平提升会有帮助。为此，我采取了以下措施。

（1）前往书店寻找与产品技术原理相关的书籍，深入学习。但由于这些产品较新，市面上很难找到相关的书，我跑了很多地方才购得所需书籍。

（2）了解生产这些产品的公司，特别是附近的公司。我发现一个工业园有两家公司涉及此类产品的生产。

（3）时刻关注招聘信息。当这些公司发布招聘广告时，我马上投递简历并参加面试。虽然没有实际操作经验，但凭借对产品技术原理的深入研究以及做上一个产品的经验，我最终面试成功了。

连续四年升职加薪，并从技术岗位转向管理岗位

2006 年初，有两类产品实战经验的我开始对薪水有了更高的期望，于是，我留意机会，又跳槽到了一家规模更大的公司，薪水也翻了一番。这家公司为国内音视频播放器的头部品牌提供生产服务，拥有 800 多名员工。也就是在这里，我连续四年升职加薪，而且每次都

是老板主动提出。我从生产部维修员，晋升为技术部的技术员、工程师、主管，最后晋升为技术部经理兼项目经理。

其间，为了实现从技术岗位向管理岗位的转变，提高项目管理和沟通能力，我在2年内进修了北京理工大学的项目管理专业和华南师范大学的公共关系学专业（本科自考），且一次性通过了所有考试。

帮助一家成立3年的公司成为某世界500强企业的一级供应商

2012年，我被客户挖角，加入了一家研产销一体的新公司。最初，公司几乎没有正规的流程，由我和副总（研发股东之一）主导，从0开始搭建公司的流程和体系。

3年后，我们成功通过了3轮严格的审核，使公司成为某世界500强企业的一级供应商。

两年内完成四件人生大事

2016—2017年，当时的老板曾这样评价我："在短短两年内，你完成了别人需要几年才能完成的事情，包括买车、买房、结婚和生娃。"而我觉得，只要有目标并采取正确的方法，这些都是水到渠成的事。

先后管理公司的3大部门，助力公司成为行业头部公司

我在同一家公司先后担任工程、研发和品质三个重要部门的负责

人，最多时一个部门有 60 多人。我以产品质量为抓手，通过不断达成质量目标，赢得了客户的信任和提高了竞争力，促进公司长期稳定发展。公司连续 11 年实现盈利（包括 3 年疫情期间），成为行业内的头部企业。

在原来的圈子中，我是一个什么样的人？

老板认为我是一个值得信赖的人。在公司的关键时刻，他敢把一个我完全没负责过的部门直接交给我管理，而且这样的情况发生了两次，我都帮助公司渡过了难关。

我的同事认为我是一个严肃、严谨的人，工作中很少看到我笑。我的下属得到我的表扬比得到几百元的奖金还要开心。

我自认为是一个积极、乐观、热爱学习、不断追求成长且善良的人。

成长中的迷茫

虽然我的工作相对稳定，但我不想让自己停滞不前。因为在公司里，我已经负责过几乎所有重要的部门，再往上面就是老板，已经没有上升的空间。我经常思考如何才能继续锻炼自己，继续成长？我确实遇到了困惑。

向行业专家学习，升级知识体系

思考再三，我决定开始升级个人的知识体系。虽然我有近 15 年的企业管理经验，但我还是购买了全网所有与我专业相关的课程。最多的时候，一个平台上的几十门课程，我全部学习。我期待通过学习，对企业管理进行一些创新。虽然这部分学习是为了现有工作，但大部分是我自己主动、自费学习的，包括单次学费近万元的线下课程。

因服务的主要是海外客户，我先后通过了国际项目管理专业人士（PMP）、国际注册质量总监（CQD）和国际注册质量成本推进师（CQCM）认证。

经过1年多对行业知识的大规模学习，自己有了很大成长，夯实了专业基础。但这还没有达到我的预期，我需要更多的创新和突破。因此，我再一次陷入了迷茫。

破圈学习，扩大学习领域

我经常听到一句话："你在一个公司取得成功，并不一定是你自己优秀，而是平台放大了你的能力。"我开始好奇，如果我没有这个平台的资源，包括职权，我到底有多大影响力，自己实际的成事能力如何？

带着这份好奇，除了对企业管理的相关学习外，我开始破圈学习，扩大学习领域，如知识付费领域和投资领域。在近一年时间里，我在学习上的投入已经超过了六位数。

破圈后的收获

通过破圈学习，我的视野得到了极大的拓展。例如，受猫叔的影响，跟随孔蓓老师、查克博士等大咖实战半年，其间还深度参与了三次大事件，自己有了全方位的成长。后来接触了海峰老师，他的影响力让我非常惊讶，我果断靠近他，在高能的圈子中浸泡也是一种滋养。我看到了自己更大的成长空间和更多的可能性：破圈前，老板认为我很靠谱；破圈后，老师、同学也认为我很靠谱，刚认识两个多月的同学敢把五位数的班费交给我管理。破圈前，我对团队和家人很少给予鼓励和赞美；破圈后，我经常鼓励团队小伙伴，肯定家人。从不过结婚纪念日到隆重地过，家庭关系从时不时争吵、内耗到现在婆媳关系融洽。破圈后，我发现一个人的能力是可以迁移的。我运用之前的企业管理经验，如项目管理能力和目标达成经验，成功完成了很多新领域的工作，如社群运营、线下大会，首次独立操盘一位老师的第一次公开课，商品贸易总额（GMV）达到 60 万元。破圈后，我花 1 小时帮助新圈子的人梳理个人目标，从明确目标、拆解目标、确定目标达成路径到制定行动计划。通过花半天时间看现场、了解管理体系等，我解决了困扰中小企业老板几个月甚至几年的管理问题（辅导完后，有的老板还想高薪挖我的下属成员）。

未来的愿景

回顾过去 20 年的历程，我一直在默默地成长。过去，我对自己的经验和知识很少进行提炼和总结，只知道埋头苦干，也很少帮助不在身边的人。

破圈后，当我体验过咨询、教练、实战、陪跑的服务，感受到了被滋养和成长的喜悦，我开始注重萃取成功的经验，帮助其他人改变并取得成功，这个过程让我非常有成就感。

我想我找到了自己的人生大志,那就是用我所学的知识和积累的经验,帮助10000人更高效地达成个人目标和实现自我成长,同时帮助600家中小企业解决管理问题,提升管理能力和竞争力。

正所谓没有稳定的职业,只有稳定的能力。我将不断修炼自身能力,帮助更多需要帮助的人。

友者生存4：为全世界加分

跳舞带给我的财富，除了保持身体健康、良好体型之外，还让我找到了情绪释放的最好出口。

普通妈妈的十年蜕变

■ 曹华

家庭教育指导师，深耕教育行业10年
学业、职业生涯规划师
推行简快身心积极疗法
NLP执行师

曾经，我在互联网行业叱咤了十年，从来没有想过会有什么因素能影响我的职业轨迹。可就在2012年我的孩子出生之后，一切都变了。

我再也没有踏实上班的心思，工作状态也大不如前，天天就想着孩子在家怎么样，所以，我不停地给爸妈打电话，询问孩子的情况。这种状态，终于让我在孩子不到2岁时选择了辞职。

原本以为辞职后，我可以安心在家相夫教子，享受每天睡到自然醒的悠闲生活，然而这样的日子并未持续太久。不到半年，我的心态就开始崩溃了。

我开始感到迷茫、烦躁、焦虑，甚至为自己是一名全职妈妈而感到恐惧。我害怕他人的目光，害怕自己失去价值，人生失去意义。

怎么办？内心有个声音响起："曹华，你必须重新调整人生方向！"

机缘巧合之下，我参加了"如何说孩子才会听"线下课程，让我对心理学产生了兴趣，也让我对家庭教育有了全新的认识。在接下来的10年时间里（从2014年底至今），我经历了从内而外的深刻转变。

我迎来了事业的第二春

我从互联网行业到教育行业，从和机器打交道到与人打交道，这绝对是彻底的转型。这10年，我从0出发，进入新领域，经历了以下几个阶段。

第一阶段，初出茅庐，知之甚少。我通过各种途径吸收知识，如上课学习、大量阅读。还有一个好方法推荐给大家，就是向行业专家和同行请教，多和他们交流，你一定会大有收获。

第二阶段，有一定的理论基础。我开始独立思考，参与行业讨论，开始为进入新行业做准备。例如，主动请缨当课代表，在大课上积极参与组织工作，甚至尝试带领大家参加课间活动。如果有机会，申请成为老师助教，帮助老师处理一些事务，这会极大地加速你的成长。

第三阶段，通过大量输出，沉淀和提升自己，形成自己的知识体系。

如何做呢？具体做法包括撰写文章——我在简书上已写了61万字的作品，组织沙龙、读书会等线下活动，以及打造个人品牌。任何能够将所学应用于实践的事情，你都可以做。关键是让自己行动起来，学以致用。

第四阶段，成功转型。我现在已经成为一名教育工作者，进入百所学校和社区，开展家庭教育讲座、开设学习力培训课程以及举办学生心理团体辅导活动。至今，我已开设了几百次线下课程，服务了千余名学员。

如今，我成功实现了职业的二次转变，找到并从事自己热爱的事业。我干得非常带劲不说，还每天都充满了幸福感。

让自己成为一名终身学习者

第一，学习。我持续投资线下课程的学习，从2015年至今，我陆续学习了很多课程，包括"心理咨询师课程""浑沌心理学""简快身心积极疗法""NLP执行师课程""人偶心游""家庭礼仪""生命财商"等。此外，我还参加了许多线上课，如李海峰老师的线上DISC训练营、古典老师的读写体验课和职业生涯规划课、樊登老师的创业式成长训练营、彭小六老师的读书会创始人课程以及陈欢老师的个体学派年度咨询服务等。持续学习为我走上职业第二赛道奠定了非常重要的基础。

第二，读书。我每天坚持读书并绘制思维导图。从 2017 年元旦开始，我累计写了 2000 多篇读书笔记。不论逢年过节，还是出门在外，我都没有间断过。

坚持的关键就是每天都做，哪怕是小步子、微行动，也能逐渐形成习惯。比如，运动可以从每天做 10 个仰卧起坐、跑 100 米开始，阅读可以从每天阅读一段文字起步。这些小计划易于执行，每天做负担不大，就能坚持下去。而且你会发现，一旦开始做，就会越做越有兴趣。

第三，跳舞。在我最迷茫、焦虑的时期，我的老公为我报了舞蹈班的课程，推动我走进舞蹈的世界。曾经因为腰下不去而被老师劝退的我，居然在 30 多岁重启了舞动人生。跳舞带给我的财富，除了保持身体健康、良好体型之外，还让我找到了情绪释放的最好出口。没有什么事是跳一支舞解决不了的，如果有，那就再跳一支吧！这么多年，一周三次的舞蹈课已经成为我生活的一部分，和我讲课一样，成为日常。我相信舞蹈将会陪伴我到永远。

我陪伴孩子实现成绩和性格的提高和转变

我辞职的原因除了自己无法平衡工作和照顾孩子之外，其实还有很大一部分原因是我看到我父母溺爱孩子，导致孩子成了"小霸王"，自理能力严重不足。尤其是我父亲，溺爱过度，孩子的性格、行为习惯一团糟。我是个急性子，无法接受孩子变成这样。

我必须辞职，自己教育孩子。

学习家庭教育是因为我自己的教育方法完全不正确，把孩子从一个"小霸王"一下子打压成了胆小鬼，连荡秋千都不敢。每当提及此事，我都感到自责，同时也感激孩子的到来，让我有成长和改变的机会。通过学习，我完全改变了与孩子的关系。

将所学知识用于教育孩子是我实现职业转变的最重要目的。学习最重要的方法就是实践，不断实践，持续在各个场景中应用。

通过这样的实践，我养育孩子的能力得到了提升，孩子的性格也越来越好，顺利地迈入一年级。

然而，新的挑战又来了。因为幼儿园时光我们过得太愉快，没有过度学习，数字都数不到10，大字更是不识几个。一年级时，孩子开始跟不上，自卑感油然而生，甚至故意调皮捣蛋了。

面对这个问题，我学习了"学习力"相关课程，并一对一地指导孩子。在这个过程中，我不断总结经验，使孩子从三年级开始有了飞跃。现在孩子已经六年级了，学习习惯和能力完全没有问题。更重要的是，我还总结了一套学习力课程体系，并在多所学校和机构进行教学。

分享一个干货，我总结出了一个提升学习效率的模型：三多（多感官、多场所、多游戏）。为什么死记硬背没有效果？利用这个三多模型，分析原因如下。

（1）**感官上，** 孩子在学习过程中，仅仅使用视觉和听觉，而人有六感（眼、耳、鼻、舌、身、意），如果这些感官没有完全打开，那么，要么记得慢，要么忘得快。

（2）**场所上，** 让孩子一直坐在学习桌前，既枯燥又压力大。孩子坐在学习桌前时，不是放松的状态，不利于记忆。解决方法是让孩子在背诵时到处走走,不要限制在一个地方。

(3) **多游戏**,让学习变得有趣,就像打游戏一样。可以使用道具,设置关卡,设计一个"怪物",让孩子去打败它。不要让孩子闷头做题。

但凡学习变得有趣,孩子自然会喜欢,从而提高自驱力。当然,还有一个更重要的原则,就是家长不要剥夺孩子所有的人生体验,只剩下学习,要允许、接纳、支持、陪伴孩子去探索和创造,孩子一定会越来越优秀!

我遇见了更好的自己

圆融老师曾说过:"三生三世,不是一个人死后的轮回,这个谁都说不清道不明;但是每个人又都一定可以活出三生三世,怎么活?每次自我的改变,就是一次重生啊!"

回顾我的人生,前32年,我度过了一生一世,过着传统模式下的生活,一路上到大学,毕业后进入一家单位,工作了十年。

而辞职后成为妈妈的这十年,是我的二生二世。我重新开始了一段人生旅程,不只是行业变了,我的外貌和性格都发生了改变,已经和十年前的我大不相同。

在写作之后,我相信我会迎来三生三世,因为这将是一次蜕变,又会迎来新的挑战和机遇。我已经在路上,开启了第三世旅程!

曾经的我专注于线下活动,现在的我借助线上平台的力量和新媒体的势头,开始打造自己的个人品牌,将自己的这一套切实有用的教育成长方法更广泛地传播出去。所以,我开始直播,录制短视频,发朋友圈。执行力强是我非常重要的一个标签。当然,我还有其他的标签，就是热情开朗、风趣幽默、乐于助人。如果我可以帮到你，或者你觉得和我有共鸣，欢迎随时交流，多交个朋友总是好事！

曾经，我对全职妈妈这个角色充满迷茫和恐惧；而现在，我依然是一名全职妈妈，但我以此为傲，内心充满喜悦。我通过学习，使亲子关系和谐，亲密关系甜蜜。更重要的是，我迎来了我事业的第二春，结识了一群志同道合、有趣的伙伴，一起做着正确且有价值的事情。我相信此时读到这里的你，也一定可以！

对于全职妈妈或者处于职业迷茫中的人，我希望我的故事可以激发他们的能量！欢迎你与我联系，让我们携手书写精彩人生！

> 保险在家庭财富中占据非常重要的地位，发挥着关键作用。

35岁的互联网公司老板，二次创业，为何选择卖保险？

■ 陈镇强

家庭财富顾问

艾奇在线联合创始人

创业8年，服务了近50万名用户

导读

先说个故事：在互联网世界里，有一位 35 岁的创业者，他的公司经过 8 年的发展，已为全网近 50 万名用户提供服务；旗下平台累计输出超过 1000 万篇实用文章；开发上线了 300 多门实战课程，合作对接次数近 150 万次。正当公司项目持续稳定运行时，他却选择再次踏上征程，开启副业，启动了他的二次创业之旅。令人惊讶的是，他选择的是被人视为上了"黑名单"的保险业。这人是疯了吗？没错，这个疯了的人正是我。

在此，我正式向各位宣布：我接下来正式开始二次创业——卖保险。可能你也会好奇，我为何作出这样的决定？这也是我问自己的问题：在公司运营良好的情况下，为何还要进行二次创业？而且，为何偏偏要去卖保险呢？

今天，我将分享我这一决定背后的思考，这不单单关乎我的个人选择，其实更重要的是这一决策的逻辑可能对你的未来创业或副业选择也有帮助。

是什么让我想要卖保险？

从一个故事说起，在 2018 年之前，身边有同学建议我买保险，但当时我觉得自己一个人，年轻，经常跑步锻炼，生活很规律且自律，认为自己不需要额外的保障。2018 年，我和我太太谈恋爱了，得知她已经买了一份保险，一种奇怪的攀比心理油然而生，我感觉没有保险的自己似乎配不上人家。所以，我当时就花了 299 元咨询了专业的保险经纪人，根据我的情况定制了一套完整的保障方案，并购买了保险。

可能是因为我自己也从事知识付费行业，深知免费的才是最贵的，所以我愿意花钱找专业的人做专业的事。婚后，当我打算为太太增加保障时，因为之前有过住院记录，我们才发现很多保险产品都无法购买，一直没有找到合适的产品，直到2023年才终于配齐了她的保险。

2022年，我的儿子出生28天后，我就赶紧为他配置了相应的保险。至此，我们的小家庭才算拥有了完整的保障，我也感到更加安心。这些年，有了爱人和儿子，他们让我体会到爱的同时，也让我感到责任重大。

这些年的保险配置经历让我明白：保险不是你想买就能买到的，它只有当你健康的时候才能买。年轻时买，更划算。

在一次直播中，主持人问我："你的家庭有专业的保险顾问，配齐了保障，还有自己的事业，为什么你还要亲自涉足保险行业呢？"因为2022年初发生了一件对我触动非常大的事，我身边有一位兄弟，他是一个不到30岁的公司创始人，在一次游泳中意外溺水身亡。他留下了老婆、不到1周岁的女儿以及近300万元的房贷，公司也解散了。后来，我了解到，他生前是没有配置任何保险的。如果他配置了保险，至少他的家人在悲痛之余，生活不会受到太大的影响，有利于早日走出悲伤，恢复正常生活。

从此，我开始格外关注保险，我发现身边还有很多创业者都在"裸奔"，没有任何保障。**我特别希望能通过自己的努力，帮助他们做好风险规划和保障**。这些年，我不断向身边的朋友介绍保险的重要性，并分享我从保险经纪人那里学到的知识。这促使我思考：我是否可以将这份爱传递给更多的人?

选择保险赛道的更深层次的原因

过去两年,我们公司一直在寻找第二增长曲线,主要有以下两个方面的考量。

行业趋势

我国已经快速进入老龄化社会。根据民政部 2023 年 12 月 14 日发布的《2022 年度国家老龄事业发展公报》,截至 2022 年末,全国 60 周岁及以上老年人口已达到 28004 万人,占总人口的 19.8%;全国 65 周岁及以上老年人口为 20978 万人,占总人口的 14.9%。

我们一直致力于布局养老产业,之前也尝试过一些项目,不是特别成功。我也和身边的很多朋友聊过,我深刻认识到以后不会靠儿女来为我们养老,到他们成年之后,我们能够自主享受生活,而不是依赖他们。深入研究之后,我发现可以通过保险这个工具提前规划个人养老,实现财富自由乃至提前退休。**未来我们能否过上体面、快乐的退休养老生活,关键在于我们现在是否做好了规划**。尽早规划可以让我们用较小的投入提前锁定未来养老所需的现金流,享受时间带来的红利和复利效应。

这就需要我们找到一个既能保护本金安全,又能带来稳定收益的金融产品,而保险正是满足这一需求的理想选择。

未来,保险这个工具也将在养老领域发挥非常重要的作用。

另外,许多企业家已经完成了创富目标,现在亟须守富和传富。结合法律工具和保险产品,我们可以为企业家提供家庭和企业资产的隔离、风险管控以及财富传承的综合解决方案。

轻创业

公司选择二次创业，也在找一个符合轻创业理念的项目。什么是轻创业？简单来说，它要符合以下四个要素。

不需要重资产投入

如果我现在要重新创业，成立一家新公司，我要承担办公场地租金、工资、产品研发成本、技术开发成本等硬性成本，需要一笔不小的资金。即使从事微商，也需要投入资金用于进货和支付库存成本。而现在明亚已经为我们搭建好了全国性的办公平台，我招募的团队成员不用我发工资，也不用担心进货和库存问题。也就是说，明亚已经搭好了舞台，我们可以真正实现0成本创业。我们只要做我们擅长的事，充分发挥优势，提升专业素养，用心服务客户，其他一切事情，明亚都为我们安排好了。我们很难在市场上再找到一个可以真正实现0成本创业的项目了。

稳定的大中台支持（供应链）

也就是说，不需要我们从0开始开发产品、搭建平台和考核体系，这一过程既耗时且风险极大，如果能找到一个拥有稳定产品供应链的大中台，将是最佳选择。明亚经过多年发展，对接了全国100多家保险公司，拥有1000多款产品，完美地构建了产品供应链的大中台。只要我们根据客户需求，制定有针对性的保障方案，提供优质服务就可以了，其他环节均由明亚完成。

可复制性与复利效应

一方面，一套专业的保险咨询和解决方案可以服务更多客户；另

友者生存 4：为全世界加分

一方面，保险事业可以终生从事，做得越久，复利效应越明显。明亚是第一家将保险经纪模式引入国内的公司，至今已经走过了 19 年，每年都保持高增长。在当前信息高度透明的互联网时代，未来也会越来越需要专业的保险经纪顾问。保险经纪人提供的不仅是某个保险产品，而是专业的解决方案和服务。这是一个随着经验积累而增值的职业，是一份值得终生投入的事业。我希望未来的团队成员能够理解和认同这一点。

全国团队的建设

你可能会说，如果有足够的资金，甚至可以打造全球团队。我想说的是，在不发工资的情况下，建立一支全国性的团队，你觉得有没有可能？答案是，完全有可能。通过深入学习和了解，我发现明亚就是我一直在找的轻创业项目。因此，如果你也在寻找副业或创业机会，欢迎你加入我的团队。

我为什么能做好？

我为何觉得我有能力做好这项事业？原因有以下两个。

保险信息差很大

保险行业具有高度的专业性，市场上存在显著的信息差。保险产品的信息密度非常高，这为从事内容创作提供了坚实的基础。

正因为如此，保险的专业性和信息差成为我们制作高质量内容的重要前提。

我们的优势：内容创作

我们团队一直专注于通过内容创作来消除信息差，为用户带来实际价值。内容制作是我们的优势。我现在已经尝试做了一些内容,也找到了一些可复制的方法。

未来如果你加入我们的团队,我会把我的内容创作经验和技能传授给你。

我究竟想要实现什么目标?

值得投入的终生事业

保险经纪人作为一个顾问,越有经验就越有价值,就像医生、律师一样,经验越丰富就越有价值。所以,我想要做一辈子保险事业,希望你也有这样的战略定力。另一方面,通过我们的专业知识和服务,为更多家庭提供财富风险规划和保障,这是一项非常有意义的工作。帮身边的家人和朋友实现风险转移、减少担忧、传承财富,我觉得是一份非常幸福的事业,值得我们长期投入。如果你平时热衷于帮助他人,乐于奉献,那么你非常适合这个职业。

建立全国化的自由人团队

我希望组建一支全国性的团队,我们可能身处不同的城市,但可以通过"云办公、云协作"的方式,共创这个事业。

你不用打卡、坐班,时间和收入都相对自由(上不封顶)。这将使你有更多的时间陪伴家人,见证孩子的成长,实现生活和收入的双自由。不过,你也要明白,在享受这些优厚条件的同时,我们对自己的要求也不低,但我相信优秀的你一定可以胜任。我也会分享我10多年的互联网经验和内容创作经验,与你一同创业。

始于保险，不止保险

我从小其实很缺乏财商教育，现在有了孩子，我开始思考如何培养他的财商。

后来，我意识到最好的教育方式是以身作则。我们自己是什么样的人，孩子大概率也会成为什么样的人，所以我自己得先学会理财，处理好与金钱的关系，规划好家庭资产，通过言传身教的方式影响孩子。理财并不是有钱人的专利，而是贯穿于我们生活的方方面面。谈到理财和家庭财富规划，就离不开保险这个话题。保险在家庭财富中占据非常重要的地位，发挥着关键作用。因此，我们不仅要关注保险这个单一领域，还需要从家庭财富的角度出发，传播正确、科学的理财观念。最后，才是借助保险这个工具为家庭财富和企业财富保驾护航。所以，**我们不仅是保险经纪人，更是家庭财富顾问，肩负着重要的意义和使命**。如果你也认同这个理念，欢迎加入我们的团队。

> 未来已来,如果可以,我希望自己成为那道光,和光同尘,与卷同舒,身披晴朗。

成为那道光

■ **马能艳(Jane)**

组织发展顾问
中高管教练
领导力讲师

人在起步阶段总是懵懵懂懂，每走一步，回首望去，仿佛都发生了很多的故事。而在每个人的故事中，总会有属于自己的光芒，从太阳升起的地方照射进来，温暖着心灵。我一直以为自己的生活平淡无奇，兜兜转转，终于下决心拿起笔，写下自己的故事。命运的齿轮是何时开始转动的？可能在某个不经意的时刻悄然启动。

职场起航

2001年，临近毕业季，我结束了在报社的实习，带着装帧好的简历，一次次地参加面试。7月的上海天气很炎热，我穿梭在市中心的CBD（中央商务区），寻找着未来的方向。偶然间，我在报纸上看到有个新加坡公寓运营商在上海首招。在第三轮终面时，我见到了HR经理Diana（戴安娜），这是我经历的第一次全英文面试，内心紧张不已，她的谈吐和气质让我印象深刻。面试结束后，我本以为没有下文了。有一天，BP机突然响起，回电时，我听到Diana（戴安娜）温柔的声音，她说考虑到我的专业和背景，推荐我去另一家公司。直至今日，我仍然感激她当年对一个萍水相逢的年轻人提供的巨大帮助。她的善意如同一道光芒，深深地照射进我的心中。

2008年，我进入了一家美国财富500强的化工公司。这家公司原本在中国是一家贸易公司，但随着在亚洲的快速发展，美国总公司开始在工业区买地投资，建设生产基地。我作为第一批员工开始参与大量招聘工作，经常在周末扛着易拉宝穿梭在招聘会上。同时，我也开始正式培训新人。新工厂上线运行后的第一场新员工培训，CEO亲临现场讲话，接下来就轮到我介绍企业。直到今天，我依然记得自己站在台上的紧张和恐惧，手脚发凉。尽管我已经准备了很多遍稿子，但站在讲台上的我，都能听到自己的声音在发抖。我努力让自己看向远处，看到我的经理 Jennifer（詹妮弗）坐在最后一排，她微笑着，不断用眼神鼓励着我，为我鼓掌。她的支持，就像远方射来的那道光，带给我无尽的勇气。

2010 年，我离开了耕耘多年的制造业，进入了一家北欧的行业前三的公司，担任软件事业部的亚太及中东区 HRBP（人力资源业务合作伙伴），其中最大的挑战来自语言和文化的差异。刚开始开会时，我即使竖起耳朵，也很难跟上，好像每个单词都认识，但讨论到一些业务问题时，就会陷入困境。好在我当时的领导 Stone（斯通）总会耐心地为我讲解，鼓励我慢慢适应。我曾在挪威的小路上踩过深达小腿的积雪，曾在釜山充满着烟火气的小巷中漫步，曾在新加坡 Science Park（科学园）的快餐店吃便当，也曾冒险坐着吉普车穿越一眼望不到边的迪拜大沙漠。常常一个人出差，这一路的风景让我看到了更大的世界，我始终感激这段经历。

2011 年 9 月，经过层层面试，我申请并获得了总部内部顾问的岗位，正式开始专注于企业内部中高管的领导力及组织发展。由此，我也遇到了人生中非常重要的一位领导 YUN。我们一起去过中国很多船厂，开发设计人才发展项目。她推荐我担任亚太区 Mentoring Program（辅导项目）的项目经理。为了让我在台上授课时更加自如，她不断地纠正我的英文发音和语法；在台下悄悄拍下我的讲课模样，会后再和我复盘。每次回看自己傻傻的样子，就是我最痛苦的时刻。**现在回想起来，那也是我成长最快的时期。**

回顾我的职场生涯，总有让自己感到很挫败的事情。然而，**我感激一路上遇到的贵人，就像生命中的光，为我指引方向，给我前进的动力。**

个人探索

2015年，雷军有句话特别火，"站在风口上，猪也能飞起来"。我可没想成为那头风口上的猪，而是想看看自己是否还有转身的潜力，于是，抱着成也好败也好的心态，我加入了一家民营企业。从0开始建立体系，搭建队伍，三年不到的时间，公司就实现了业绩翻番。我参与了研发中心的成立、新产品的上市、电商的快速崛起和经销商管理体系的建立，这一切的前提是我要参与，并拥抱快速的变化。然而，在前行的这几年里，我忽视了家庭对我的支持。事实上，是家人在背后的默默付出让我能够在出差时没有后顾之忧，让我能够做自己想做的事。现在回想，有些许遗憾，又何其有幸！

我有疼爱自己的双亲，也有疼爱我的公公婆婆，他们用最大的爱支持着我们这个小家。我亲爱的婆婆是这个家里最大的光。2009年，她病倒了。2010年，我目送着她的离去，回忆起她在病中所受的痛苦，就忍不住揪心。在她走后的很多年里，我常常思考：人为什么活着？活着又是为了什么？于是我开始研究心理学，读佛学，开始探寻思考生命的意义。

有研究表明，普通人在死之后的50年就会被遗忘得一干二净，就好像从来没有来过。如果我们终究有一天会被世界遗忘，那我们不断追求有什么意义？人类之所以痛苦是因为永远在追求，渴望永恒，才会不断地繁衍后代，希望自己的人生有意义和价值，能被后代记住。如果人生没有意义，那么再继续追求的意义是什么？而事实上，"意义"本身就是我们去赋予的。人生也就3万多天，没有回头路，我们能为这个世界带来些什么？

我在欧卡学习时，有一次抽到一张卡片，它呈现了墨蓝色夜空下星星的闪烁，散发光芒。我曾经觉得自己是那颗闪耀的黄色星星，不断汲取能量，被爱包围。突然在某个瞬间，我忽然思考：我是否可以成为那片天空，包容并微笑着陪伴这些星星？

2017年，我踏入了埃里克森教练的课堂，第一模块由玛丽莲老师授课。因为她的到来，现场来了将近100位学员。那天早上，我看到一位精神矍铄的老太太从大门口走进来，丝毫不见凌晨才到浦东机场的疲惫。那一天，她说，从大门到讲台这段路程，她每走一步都在调整自己的状态，直到站在大家面前时，她已经达到了最好的状态。这就是状态线。这是我第一次感受到了教练的力量，也坚定了将教练作为我第二职业身份的决心。2019年，我在南京参加教练五模课程时，突然有学员问乔安老师，什么是教练？我依稀记得她的回答，教练就像是在黑暗的隧道中和客户肩并肩行走的人，手中提着一盏油灯，陪伴着客户一起往前走。教练举着油灯在前方照着，询问客户是否要走这条路。无论隧道如何黑暗，这盏油灯照亮了旅人的道路，温暖了彼此的心房，最终引领我们走向光明。

未来已来

从2016年开始，我踏上了学习之旅，研究情感智能与情绪管理。正因为我们衣食无愁，所以反而对内在的情感需求更大。我担任中高管的教练，讲授领导力课程，关注组织中个体的成长；为企业做组织诊断，制定战略，打造组织文化，深入参与业务的发展。我期待着有一天，自己可以以饱满的状态，按照高琳老师的说法，将我所学到的知识传授出去，将我所获得的智慧给予他人。

有一年,我为一所 211 大学的研究生做职业规划的分享,并在活动后为他们提供一对一的面试辅导。我明显感受到毕业生在撰写简历和自信地自我介绍方面需要指导,而这些技能在我们的教育体系中很少涉及。在为商学院 MBA 学生讲解职业转型和发展时,我发现仅通过求学深造并不能一夜间改变职业发展的道路。职业是需要规划的,需要顺势而为,也需要内在动力的推进。在人生设计中,有一个名为"调音器"的工具,它是结合了金钱、影响力和表达力的综合仪表盘,除了我们日常工作、生活中所需要的爱、乐、工、健,这三者也缺一不可。我们可以通过调节这个仪表盘来评估我们的工作和生活,以此增加成就感和幸福感,让生活达到和谐的状态。

我曾经为一位黯然离开职场、现在做自媒体的人提供教练服务,那是一次胶着的对话,他对在职场中受到的不公正待遇以及最终不得不离开为之奋斗了多年的平台感到愤愤不平。即便他已经小有名气,但对曾经的职场经历依然很难释怀。在那次教练过程中,我感受到他内心的挣扎和情绪的起伏。教练结束后,他为自己做了一场告别仪式,和曾经在职场中挣扎的自己告别,告诉自己要向前迈进。

人生已经走过的路无法改变,但我们可以重构自己的人生。生命最好的馈赠就是生命本身,而生命的升华和绽放,来自对世事的深刻洞察和果敢的选择。

小时候,大人们问我们长大后想做什么,孩子们十之八九会说想做老师。今天再让我回答这个问题,我会很肯定地说,我希望成为支持组织与个人成长的教练和培训师。未来已来,如果可以,我希望自己成为那道光,和光同尘,与卷同舒,身披晴朗。这或许就是我的使命,我将不辱使命,勇往直前,迈向星辰大海,一路繁花似锦。

创伤只是过去,作为成年人的我们,当下有能力选择是活在过去的创伤中,还是选择活在当下,从中汲取力量,为自己的未来创造无限的可能。

创伤也是资源

■ 温杰

悦行堂主理人
身心创伤疗愈师
财富赋能系列课程研发人
美国索菲亚大学超个人心理学研究生

友者生存 4：为全世界加分

我是一名心理疗愈师，我的工作和心理咨询师、心理医生的差别在于，心理医生拥有处方权，他们为神经系统已经发生病变的人做治疗，即针对真的有心理疾病的人；而心理咨询师和疗愈师是为心理相对健康的人提供心理辅导。在国内，心理咨询师主要运用精神分析等较为学术化的技术和方法，这类治疗通常是长期的，一般按年计算。心理疗愈则属于短平快的治疗方法，基本在几次治疗后就可以达到预期目标。

这些治疗方式各有利弊，需要当事人根据自己的具体情况选择最适合自己的方法。但整体来说，想要真正解决一个人的心理问题，往往需要多种治疗手段的协同配合。

所谓"一辈子只做一件事"，每个人的时间和精力有限，所以能深耕的领域也有限。心理治疗技术有几十种，一位心理治疗师可以精通并广泛应用其中一种技术已经非常厉害了。

而我作为一名疗愈师，在我的疗愈实践中，发现创伤即资源，关键在于我们如何运用和转化它。**我常常说，创伤是一种能量，能量是没有好坏之分的，关键在于我们把这种能量运用在什么地方，是对内消耗自己，还是对外攻击他人，或是用它来实现自己的目标和愿望。**

一个人出现问题和困惑可怕吗？并不可怕，可怕的是他将自己陷入这个问题里面，不去解决问题，甚至将责任推给别人。近期，原生家庭的影响备受关注。是的，我们的原生家庭可能存在很多的问题，可如今我们已经成年了，有能力为自己的人生做出选择。

所谓"画地为牢"，是指很多人将自己困在思想的牢笼中，不想走出来。

━━

曾经听一位年长的人说，人在四十岁之前，别人告诉你前方有坑，别跳，但是作为年轻人，我们还是会选择冒险一跳。**不跳，我们也许会少走很多弯路，但正是因为这一跳，我们重新认识了自己，知

道了我们是什么样的人。正是这些经历，给了我们认识自我的机会。

有位名人曾说："自己是一个无形的东西，只有当它撞击到其他物体，反弹回来，我们才能真正了解自己。"所以，与很强的、可怕的、水准很高的事物相碰撞，我们才能知道自己是什么。这才是自我。

创伤也一样，它也是认识自我、了解自我的一个礼物。它其实是人的一种自我保护机制，是我们最本能、最原始的天赋。

为什么这样讲呢？

最开始，我们只是一张白纸，然而在人生的长河中，我们经历了一些刺激，留下了深深浅浅的印记。而这些印记让我们的身体或者心理发生改变，这些印记我们称之为"创伤"。

创伤分为两种：一种是心理上的，一种是身体上的。

这些创伤是如何产生的呢？举一个例子，我曾经有一个案主，肤色暗沉，面容消瘦。她一直困扰于母亲不爱她，同时她也恨她的母亲。通过催眠进入她的潜意识，我们发现最初的起因是在她很小的时候，母亲在她哭的时候，没有及时地安抚她，所以她觉得她的母亲不爱她。而这个所谓的不爱，可能只是短短的几秒钟，因为那时她还在襁褓中，母亲可能在忙其他事情，也可能正在赶过来，只是没有那么及时。从那个时候开始，她的信念里就种下了"母亲不爱我"的种子，于是，在后来的生活中，她不断地寻找母亲不爱她的证据，慢慢地信以为真，开始恨自己的母亲。而恨母亲的结果是和母亲的脾气越来越像，最后竟然达到了70%。

所以，有时候我们以为的只是我们以为的，不一定是事实。我们种下了一颗不知道是善还是恶的种子，但唯一不变的是，它是一颗与爱有关的种子。当我们用爱去浇灌它时，我们得到的是丰盛的爱；而当我们用指责、背叛和抛弃去浇灌它时，得到的就是关于恨的种子。

友者生存 4：为全世界加分

种子还是那颗种子，只是我们选择如何去浇灌它。

当我让这位当事人看到她曾经以为的事实不一定是事实，而在这些不是事实的事情上，看到很多被母亲无声爱着的事实时，她的面相和精神面貌发生了很大的变化。

这是一个从心理上导致我们的心理和身体产生变化的心理学案例。

还有一个案例是从身体到心理的创伤，即便是微不足道的打针，也可能使我们的身体受到重大创伤而无法行动，并在心理上产生恐惧。现代多样的治疗方法能够帮助我们逐步克服这些恐惧、悲伤和焦虑。

这个过程揭示了一个深刻的事实：我们的强大超乎想象。我们要认识到，所谓的创伤其实是我们自我保护的一种机制，只是它的表现形式不一样而已。它通过隐藏或封印我们的能量（可以理解为因为负面情绪造成的气血不畅），试图保护我们。而这一切都是源于我们自己的信念和选择，这些选择最终影响了我们的身体状态。

我们拥有选择的力量。我们因为相信某些事物，导致自己变得不好，同样，我们也有能力选择相信有助于自我恢复的事实，最终让自己从创伤中恢复如初。在这个过程中，我们会发现自己的潜能，逐渐学会在信念的世界中自由穿梭，利用一切资源，不再为情绪所困扰。

当我们真正理解到，所有的"相"只是引导我们走向正确方向的工具，困难便不再是困难，创伤便不再是创伤，所有的一切都是认识和了解自己的资源，引导我们走向情绪和身体上的正确归宿。

创伤只是过去，作为成年人的我们，当下有能力选择是活在过去的创伤中，还是选择活在当下，从中汲取力量，为自己的未来创造无限的可能。

> 回顾我的求学之路和创业之旅,我发现我做的所有的事都是围绕着"幸福"这条线展开的,一直在探寻如何面对情绪的困扰和痛苦,以及如何过上更幸福的人生。

北大博士后,辞职当网红

■ 戴戴

幸福脑教育创始人
北京师范大学脑科学博士
北京大学心理学博士后

友者生存 4：为全世界加分

你好，我是戴戴，一名脑科学的博士。

我从北京师范大学认知神经科学与学习国家重点实验室毕业，随后在北京大学完成了心理学博士后研究。后来，我选择辞职创业，成了一名心理自媒体博主，同时也是一名主播。

我经历了数不清的质疑、直播间的网暴和嘲笑。到了 2023 年底，我已经直播了 600 多场，近 2000 个小时，全网粉丝数量接近 50 万。我用我的专业知识帮助了超过 5 万名付费学员摆脱了情绪内耗，改善了他们的心情和睡眠质量。甚至，我还帮助很多长期依赖药物的情绪不良和失眠患者，戒除了多年的药物依赖，恢复了自主睡眠和追求幸福快乐的能力。

估计你会和很多人一样，好奇我为什么要放下高学历的光环和稳定光鲜的职业前景，走上了这样一条路？自 2018 年毕业以来，我在人生的岔路口做了很多选择，经历了高潮和低谷。今天我想把我的故事和真实的心路历程分享给你。

我从北大辞职做主播，只因 4 个字的召唤。至今，我的直播间仍然有人质疑：国家把你培养到博士后，就是让你来直播间做主播的吗？这种"浪费资源，读书这么多却只是做主播"的无奈和嘲弄声不绝于耳。

其实，不仅网络上的人不理解，在 2019 年，我决定离开北大时，当时为我办辞职手续的老师都愣住了。在北大，博雅博士后竞争激烈，竟然有人申请到了还要放弃？那位老师也是第一次遇到。

我做出这样的选择，也经历了一个漫长的自我探索之旅。在我博士毕业选择博后研究方向时，我曾有两个选择：一个是清华，一个是北大。去清华，我可以继续研究我读博期间非常熟悉的人工智能脑成像技术，早在 2014 年、2015 年时我就是该方向的实验项目成员，这个项目当时还获得过最高领导人的视察。去北大,我要面临一个全新的研究方向:正常儿童与特殊儿童的亲子互动双脑机制。当时,我的孩子刚刚出生,我毫不犹豫地选择了北大,我相信研究亲子互动项目是我作为一个科研工作者能够送给孩子的最好礼物。

然而,在北大工作的日子竟然让我陷入了一种深深的无力感。

我们课题组专注于自闭症儿童的研究,自闭症是一种具有高遗传风险的疾病。我负责的是针对自闭症高风险的二宝进行早期筛查。每天,我都会去北大六院一楼尽头的测查室,为孩子们做测查。

最令我感到心力交瘁的,还不是测查室内一个妈妈带着一个确诊的大宝和一个高风险的二宝,孩子们又哭又叫、妈妈们无力沮丧的场景,而是每当妈妈们把做完的测查报告交给我时,都会问上一句"我的孩子还有救吗?"要知道自闭症是一种大脑发育类疾病,一旦得病,以现有的医学水平几乎无法治愈。面对那些眼里充满渴望的妈妈们,我无法告诉她们真相,只能说"我们上楼去找医生看结果"。

日复一日地被妈妈们这么问着,每问一次,我感觉我的心都被捅了一刀。我是一个实用主义者,曾致力于基础科学研究,我多么希望我的研究能够解决实际问题。我陷入了深深的迷茫:从幼儿园读到博士,我读了那么多年书,学到了那么多知识,我到底能做些什么?

在这样充满纠结与迷茫的时刻,我开始到处学习。很偶然的一个机会,我在一个妈妈社群里认识了200多位妈妈,我每天都在群里和她们聊天,不知不觉中帮她们解决了许多实际问题。那些在她们眼中很难的育儿问题,在我这里好像非常简单。

我还清晰地记得我帮助的第一位妈妈,她为孩子拒绝上幼儿园而烦恼。我深入分析了孩子的内心需求,教她怎么和三岁的小朋友沟通。没想到,一个星期后她告诉我,孩子现在每天都是蹦蹦跳跳地去幼儿园。这一件小小的事情，我记了好几年。

那一个月里，200 多位妈妈的感谢让我感受到了前所未有的价值感。和我的论文和数据比起来，帮她们解决育儿问题，更为直接和简单，却让我感受到了学以致用的意义。原来，我学的所有的心理学和脑科学知识，竟然这么有用！

我的心里好像有什么东西开始悄然萌动。

如果我继续留在北大做研究，那是我熟悉的校园环境、熟悉的工作内容，也是父母眼中的好工作。可是，我的实验难度决定了我一年最多只能帮助 50 个家庭。即使我的论文得以成功发表，全世界又有多少人会看到呢？除了科研圈的同行，恐怕鲜为人知。

另一边是互联网上的那 200 位妈妈。仅仅一个月，我就帮助了 200 位妈妈啊！她们背后就是 200 个家庭，她们来自全国各地，既有大城市，也有小乡村。记得有一位妈妈叫小美，她加到我微信之后，特别激动地给我留言："我是一名农村的二宝妈，如果没有互联网，我这一辈子都不敢想象能有机会向一个博士、博士后学习！"这个我从来不曾涉足的互联网世界，好像有一种魔力在召唤着我。

当时我的脑海里突然闪过一个大胆的念头：辞职吧！投身互联网，为妈妈们讲课！我自己都被这个想法吓了一跳。

我并不是一个鲁莽的人，于是，我花了几个月的时间在网上进行更多的尝试。很快，我的微信好友从 400 人涨到 2000 多人。更多的妈妈通过朋友的推荐找到我，我开始尝试授课，效果出乎意料地好！

我开始认真思考辞职的事情。**我心里既渴望又害怕，渴望追寻那令人着迷的自我价值感，也害怕面对未知的挑战，担心家人和老师的不理解**。这个时候，我突然想起博士一年级刚进实验室时，我的导师对我说的四个字。

刚读博的我不知天高地厚地问导师："老师，我们为什么要做科研？"这种问题就好像一个孩子问老师为什么要学习一样，大概率会被认为是幼稚或无礼的。可我的导师非但没有责怪我，还特别认真地思考了这个问题，然后郑重地告诉我四个字——**顶天立地**。他说："我们从事科研，要么'顶天'，即不断探索人类知识的极限，要么'立地'，将研究成果应用于社会，解决实际问题。"我永远都记得带着"顶天立地"这四个字走出导师办公室时，内心的澎湃与喜悦。

"顶天"的事，我在读博时已经尝试了，那么我接下来的人生，要不要去做一些"立地"的事呢？想到这，我大声回答：要！

想清楚了这些，在一个小组会议结束后的中午，我紧攥着发抖的手，走进博后导师的办公室，提出了辞职申请。我坦诚地向导师分享了我的想法和愿望，没想到获得了导师的理解和支持。

就这样，我离开了美丽的燕园，开始了我的自媒体创业之路。

一路走来，磕磕绊绊，我从零开始学如何在朋友圈发文、怎么运营社群，再到后来尝试拍摄短视频、剪辑、直播。刚开始在公众平台上直播时，我感到非常不自在，不好意思说自己是博士，也不好意思推销自己的课程。感觉自己就像是穿着一袭长衫混迹互联网，怎么都别扭。黑粉在直播间怼我，说我是骗子、浪费国家资源、只看重金钱……在象牙塔里度过大半生的我，在短时间内见识到了"社会大学"的残酷。

我当时给自己设定了一个小目标：不管结果如何，先直播100场！播满百场之前，什么都不要想！于是我就开始每天坚持直播，到了2023年底，不知不觉已经播了600多场，那些曾经的黑粉慢慢消失不见了，取而代之的是越来越多的铁粉，他们的年龄跨度从二三十岁到八九十岁，甚至还有妈妈和奶奶带着三四岁的小朋友一起观看我的直播,听我讲情绪管理和睡眠知识。

当我看到有那么多人因为遇见我而重新找回快乐和幸福时,我突然意识到自己找到了乔布斯说的那条线。乔布斯说:"人生经历就像一颗颗珍珠,当你在未来的某一天找到那条线,你就能把它们串联起来,变成一条美丽的项链。"

我因为"心理学是一门与人类幸福息息相关的学科"这句话而选择了心理学,开始研究情绪和情绪管理。到了研究生阶段,主修脑科学,继续在情感神经科学领域深造,从研究个体的情绪到研究人与人之间的关系,从研究正常人的情绪到探索情绪异常的原理和康复方法。自18岁那年踏入情绪研究的大门,我就再没有离开过。回顾我的求学之路和创业之旅,我发现我做的所有的事都是围绕着"幸福"这条线展开的,一直在探寻如何面对情绪的困扰和痛苦,以及如何过上更幸福的人生。

我在35岁那年,因为创业,我找到了我的人生使命:**带领中国家庭拥有幸福的能力**!我给自己定了一个小目标:先帮助10万个家庭!没想到,仅仅过了一年,我就已经帮助了5万个家庭。因此,我想做一些更大的事情,在未来五年里,带领100万个中国家庭拥有幸福的能力!

愿以一人笑传万人笑,终至百万家幸福!

> 我相信,每位女性都是"无价之姐",都有无限的价值和潜力,都可以找到一条充满力量和温暖的成长之路。

无价之姐

■ 高莹

女性全生命周期成长解决方案平台发起人
三家科技文化类公司联合创始人
企业及个人发展顾问

我是谁？

这个问题第一次在我脑海中出现还是在五年前，那时我就职于国内一家顶尖的互联网公司，几乎每天都工作12个小时以上，24小时待命。转折点出现在某个清晨，当时我怀着第二个孩子，已经5个多月了，我像往常一样，一大早奔赴在上班的路上，突然眼前一黑，晕倒在繁忙的科技园人潮中。这次意外让我得到了两个月假期。

在那两个月里，我每天清晨送大女儿去幼儿园，然后去公园散步，回家后与父母一起吃个早餐。闲暇时，我会阅读自己喜欢的书，或者与之前没时间见面的朋友约个下午茶。这样的生活，让我感受到了久违的宁静与悠闲，同时我也开始反思自己十年的职场生涯。曾经的我，就像一个无法停下来的陀螺，为了更好的职位、更高的工资，不断地工作、加班、进修、跳槽……我没有兴趣爱好，放弃了诗和远方，身体外强中干，把自己变成一个"工具人"。那时，一个声音经常在我脑海中回响：我是谁？我的生命、我的全部时间，难道就是为了打工吗？这是我所期待的生活吗？这是我真实的样子吗？

于是，我开始走上自我探索之路，跟随名师学习并实践。在这个过程中，我发现很多的女性朋友都面临着类似的问题：一方面，因为受过良好的教育，她们的自我意识逐渐觉醒；另一方面，受到社会主流思想的影响，她们总是在回答事业和家庭如何平衡的问题，有意或无意地陷入丛林生存法则中无法自拔，盲目、忙碌、茫然变成了她们生活的常态。

事实上，每个女性来到这个世界，都有她独特的故事和身份。女性的价值不是由社会、公司、父母、老公、孩子等外部因素决定的，而是在找到真正的自我后由自己来定义的,**每一位女性都是"无价之姐",因为每位女性都有无限的潜力和价值**。于是,我决定听从内心的声音,离开公司,投身于支持女性成长的事业。

一个人能够清醒地活着,获得真正的内在自由,就需要了解"我是谁"这个问题。很多人将自己的身份仅限于外部经历,如工作、家庭和社会地位等,然而,这个问题不仅仅是在询问一个人的身份,更是在探寻一个人存在的意义。每个人都有自己独特的人生目标和内在信仰,这些构成了他们的真正自我。

对于自我认知,最底层的就是我们的三观,即世界观、人生观和价值观。简单点说,世界观就是你如何看待这个世界;人生观是你如何看待自己的人生;价值观意味着对你来说,什么是最重要的。

有了对三观的认知,我们就可以进一步探索自己的梦想、天赋优势、能力边界、行为倾向和所处环境对我们的影响。在成为"无价之姐"的道路上,自我认知是重要的一环,因为社会对女性有太多的评价和标签,就像《无价之姐》这首歌中唱到的:"单身、年龄、哪个罩,每一种审视都像刽子手手里的刀,一个女性成长要历经多少风暴,做自己才不是一句简单的口号……"所以,在我们的女性成长支持平台,帮助每位参与进来的女性朋友**开启自我认知的大门,让每个人了解真正的自我,这样才能构建稳定的内核,减少内耗,从而让她们更好地追求梦想**。

成为谁?

"我生来就是高山而非溪流,我欲于群峰之巅俯视平庸的沟壑;我生来就是人杰而非草芥,我站在伟人之肩藐视卑微的懦夫!"这是

友者生存 4：为全世界加分

张桂梅校长为华坪女子高中写下的校训。在张校长的教导和帮助下，已经有千余名女孩在性别偏见和贫穷的双重压力下，仍然树立了远大的理想，进入大学，开辟了更为宽广的人生道路。

在这里，我们来聊聊梦想，探讨如何坚持梦想，面对困难时如何勇敢前行，寻找并踏上实现梦想的道路，最终成为"无价之姐"。

在近几年致力于女性成长平台的工作中，让我看到了很多女性，她们美丽大方、聪明睿智，专业能力出众，拥有丰富的职场经验，她们本可以在事业上取得更大的成就，完全可以胜任公司的高管或者自己去创业；她们思维创新、视野开阔，完全有能力通过写作或者新媒体等方式打造个人品牌，影响更多的人。然而，在现实生活中，她们依然被各种生活琐碎困扰，无法前进，日复一日地陷入困顿和迷茫。

她们才华横溢又如此美好，到底是什么阻碍了她们的脚步，让她们没能实现自己的梦想呢？

你是否注意到，每当我们准备追逐梦想或者做出改变时，就会听到批评和质疑的声音，这些声音可能来自我们的父母、伴侣、同事、老板等，甚至还包括我们自己。这种批评可能会鞭策我们改掉缺点，努力前行，可是它也有更大的副作用。这样的否定会加剧我们的恐惧，使得我们无法获得满足和喜悦。这种批评之所以存在，是因为改变往往伴随着风险。这种批评会将我们锁死在舒适区，避免迎接挑战和变革；它会让我们产生恐惧和负面情绪，甚至可能影响我们的身心健康；更糟糕的是，因为这些批评，我们很可能放弃追求梦想。

面对批评的声音，我们到底应该如何做？当这种批评的声音再次响起时，请按以下步骤行动：

首先，避免无谓的争论和对抗。认识到批评的存在，并坦然接受它。你可以大方地告诉自己："我注意到了这种批评的声音。"**接下**

来，请把这种批评和你的自我意识区分开。这种批评只是众多声音中的一个，并非主导你思维的声音。然后告诉自己，这些批评你的人或者你的自我批评，其实只是出于对安全感的保护，并试图将这种安全感传递给你。**最后，你就可以想象这些批评的声音慢慢地淡出你的视野，直至消失**。通过这样的步骤，我们将学会管理批评，而不会再让它阻碍我们前进的脚步。

在学会了平静面对这些困难之后，该如何向梦想迈进呢？以下是一些建议，帮助您找到实现梦想的路径。

（1）**明确梦想**：深入了解自己的兴趣、价值观和目标，以此确定内心真正的渴望。无论是事业上的成功、家庭幸福、个人成长，还是社会责任，都可以成为梦想的一部分。

（2）**坚定信念**：相信自己的梦想是值得追求的，无论梦想是什么，都要相信自己有能力去实现它，不要轻易放弃。

（3）**制定计划**：确立梦想后，制定一份切实可行的计划。这个计划包括长期目标和短期目标，以及具体的行动步骤，同时考虑个人实际情况和可用资源。

（4）**建立支持系统**：在实现梦想的过程中，寻找支持您的人，如志同道合的朋友、家人或者导师，建立一个强大的支持系统。

（5）**不断学习**：实现梦想的过程中，通过阅读书籍、参加培训、寻求导师指导等方式，不断提升自己的知识和技能，为实现梦想做好准备。

（6）**勇于实践**：最重要的是要勇于行动，在实现梦想的过程中，可能会遇到各种困难和挑战，但只有坚持不懈地努力，才能最终实现梦想。

（7）**寻求平衡**：在追求梦想的同时，要注意保持工作、生活和健康的平衡，维护身心健康，有助于更好地应对挑战和挫折。

与谁同行？

人是社会性动物，人际关系是我们成长道路上不可或缺的一部分，尤其对于女性来说，爱和联结更是我们人生中的必需品。

人际关系的力量在于它能够给予我们支持和鼓励，让我们在逆境中得到帮助和理解，并与志同道合的人共同创造美好的未来。

很多时候，我们觉得人际关系很复杂，处理各种关系很累，是因为我们没有理解关系的本质。看上去错综复杂的人际关系，本质上可归结为两种基本类型：一种是情感关系，是为了满足双方的情感需求而建立的联系，它包括但不限于爱人、亲人、友人等亲密关系；另一种是利益关系，基于价值交换，双方为了共同目标而形成的合作关系，如客户、同事、合伙人等。

关系没有处理好，往往是因为没有清晰区分这两种关系，或者是用了错位的处理方式。例如，在亲密关系中，若将物质条件作为先决条件，将对方视为"自动提款机"，那么当对方不能给予情绪价值时，感到痛苦也就不足为奇，无异于搬起石头砸自己的脚。

那么，对于不同的关系，我们该怎么做呢？我们的应对秘诀就是**区别对待**。

在**情感关系**中，我们要做的就是让对方有更多选择，更好地做自己。在这类关系中，情感是土壤，滋养双方，把选择权交给对方，我们能做的就是扶持、认可和尊重。

在**利益关系**中，社交、认知和利益是三大核心元素，三者比重各不相同。社交元素约占20%，它关乎双方的初步印象和交往感受；

认知元素约占 30%，涉及双方的能力了解和合作契合度；利益元素约占 50%，直接关系到合作意愿达成以及明确的金钱、规则划分。

当然，生活中也可能会遇到关系交叉的情况，如夫妻共同经营公司、闺蜜合伙创业等。在这种情况下，坚持两个原则至关重要：一是区分生活和工作，二是就事论事。

女性的幸福和成功与良好的人际关系紧密相连。保持关系的多样性，避免将自己局限于单一角色，能够更加轻松自如地应对生活中的各种关系。

在我们的女性成长平台，我们通过 IP 打造讲述女性成长的故事，探索自我认知、梦想追求和人际关系，支持和陪伴每一位女性，走进一个充满力量和温暖的世界。我们用多种方式和场景展现每位女性的独特魅力和无限可能性，让她们感受到成长的喜悦和力量。

我相信，每位女性都是"无价之姐"，都有无限的价值和潜力，都可以找到一条充满力量和温暖的成长之路。愿每位读者在《无价之姐》中找到属于自己的力量和勇气，成为更加坚定和自信的"无价之姐"。

> 当我们找到自己的内在热情和人生使命，并以此为指导日常生活的原则，我们的精力水平将自然而然地提升至新的高度。

高效提升精力，激活职场元气

■ 山海教练

个人效能提升教练
生生不息心理教练、精力管理教练
上海交通大学安泰经济与管理学院 MBA（优秀毕业生）

精力现状自测

在开始正文阅读之前,邀请您先进行一次精力水平的自我评估,并设定一个希望达到的理想状态。假设完美的精力状态为 10 分,接近耗竭的精力状态为 1 分:

(1)您当前的精力水平为( )分

(2)您期待的理想的精力水平为( )分

同时,基于您的认知,您认为通过哪些方法能实现理想的精力水平呢?写下您的答案。

_____

_____

精力金字塔

在职场中,你是否遇到过以下情况:

(1)随着年龄的增长,感觉精力日渐不济,而体检报告上的异常指标却逐年增多。

(2)月初制定的计划,到月末总是有一堆未完成。

(3)想做某件事很久了,却总是没有开始。

(4)加班后回到家,看到孩子做作业不专心,忍不住发脾气,然后又内疚与自责。

随着年龄的增长,职场人士的精力水平总体上呈现出下降趋势,而工作的要求却越来越高。每个人的 24 小时是绝对公平的,但不同的精力水平会带来完全不同的结果。

精力也被称为"能量",它代表着个体的精神动力和面对任务的能力。根据《哈佛商业评论》2007年发表的文章《Manage Your Energy, Not Your Time》(《管理你的精力,而非你的时间》),人类的精力主要由体能精力、情绪精力、思维精力和意志精力四部分构成。这四者构成如下图所示的精力金字塔,具体而言:

(1)**体能精力**是基础,其核心在于高质量的睡眠、均衡的饮食和规律的运动。

(2)**情绪精力**对人的记忆力、认知力和决策力都有重要影响。保持积极正面的情绪是维持精力充沛的关键。

(3)**思维精力**的核心是注意力的管理。专注力是我们最宝贵的资源,也是人与人之间差距的重要分水岭。

(4)**意志精力**源自对生活的意义感,它是人类追求的最高境界,也是精力的终极源泉。

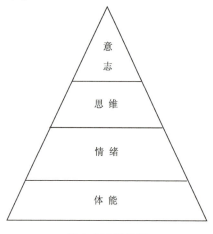

精力金字塔模型

人最理想的做事状态是**全情投入**,从精力金字塔的角度来看,全情投入＝体能充沛＋情绪投入＋思维清晰＋意志坚定。

很多人说的"精力状态不好",可以通过审视精力金字塔来精准找出精力的短板,并思考如何针对性地去提升。

拉低精力水平的错误行为

规避拉低精力水平的错误行为,是提升精力水平的有效途径。通过多年的精力管理实践和培训经验,我总结出了20个常见的拉低精力水平的"错误行为",具体如下表所示。建议您对照检查自己是否也存在类似的习惯,以便有针对性地进行调整。

拉低精力水平的"错误行为"

序号	分类	错误行为	是否有类似习惯
1	体能精力	熬夜晚睡	
2		睡前刷手机、刷短视频	
3		喝水太少或习惯牛饮	
4		久坐不动	
5		午睡时间过长(超40分钟)	
6		通过饮酒来促进睡眠	
7		午后过多喝咖啡或绿茶	
8		吃饭过快、狼吞虎咽	
9		早餐习惯吃油条、包子、馒头、面条等高碳水食物	
10		习惯吃夜宵	

续表

序号	分类	错误行为	是否有类似习惯
11	体能精力	习惯晚上吃水果	
12		忽视身体释放的提示信号	
13	情绪精力	情绪容易失控，或习惯性忍让	
14		经常与负能量的人待在一起	
15		习惯性自责，自己贬低自己	
16	思维精力	关注点在问题而不是机会上	
17		同时做多件事	
18		工作时长时间关注邮件	
19	意志精力	时常满怀壮志，却又不免频繁陷入敷衍与懒散的循环	
20		缺少目标却以"顺势而为"自居	

我们可以对照上表中罗列的20个拉低精力水平的"错误行为"，识别并改正那些我们已经习以为常的不良习惯。在日常生活中，只需多加留意，努力减少类似行为的发生，相信您的精力水平会得到显著提升。

提升精力的方法

结合实践经验，我总结了10个提升精力的方法，这些方法按照体能、情绪、思维和意志精力四个维度进行分类，相信其中定有一些会适合你：

提升体能精力的方法

践行 R90 睡眠法

睡眠是恢复精力的重要途径。R90 睡眠法源自睡眠周期规律,能帮助我们提升睡眠质量和效率,其核心要点包括:

- 将睡眠时长设置为 90 分钟的整数倍,再加上 20 分钟,以适应个人的睡眠周期需求,通常建议 4 或 5 个周期。
- 珍惜第一个睡眠周期的黄金 90 分钟,千万别错过 00:00 到 1:30 的黄金睡眠时间段。
- 根据个人睡眠时长,设定固定的起床时间,然后倒推出适合入睡的时间。

间歇式运动

间歇式运动对恢复精力大有好处,工作一段时间后,可抽出五分钟拉伸一下身体,做类似高抬腿、引体向上、俯卧撑、瑜伽等运动,或者在办公区散步,都能让精力水平快速恢复。如果能在一天中的不同时段各进行一次 5 分钟的间歇式运动,能极大改善身体的亚健康状态。

在繁忙的工作中,巧妙地将间歇式运动融入其中,将有利于改善精神状态,从而提升工作效率。

充足饮水,刻意练习正念饮水

保持充足的饮水量对身体健康至关重要,而刻意练习正念饮水更是一种深层次的养生法门。成年人每日建议饮水量为体重(kg)× 30 mL。避免牛饮,建议适当放慢喝水速度。在喝水过程中,用心感受水的口感和温度,以及水流经喉咙和口腔的愉悦感。同时,注意喝完水后的身体感受。**这便是正念饮水的练习，它不仅有助于身体更好地吸收水分，还能帮助我们放松大脑，提升专注力。**

采用"211饮食法"，并尝试慢食

"211饮食"是一个简单而实用的饮食结构，即每顿饭包含2份蔬菜、1份蛋白质和1份碳水化合物。这种平衡的饮食有助于营养的均衡摄入。根据个体差异可以灵活增减食物的量。控制碳水摄入量是减脂的关键点之一，在减脂期间，建议将白米、馒头、面食等替换为红薯、玉米、南瓜等优质碳水化合物。同时，尝试正念饮食，尽量吃慢一点，尝试每口食物咀嚼25次以上，这不仅能提升个人幸福感，还能减少过量进食。

在2023年上半年，我在没有刻意增加运动量，也没有刻意节食的情况下，仅通过"211饮食法"和"慢食法"，成功减重18斤，恢复了标准身材。

提升情绪精力的方法

写感恩日记

感恩如同心灵的清泉，每天坚持写感恩日记，能够洗净内心的不顺和不平，并将注意力转移到生活中的美好和收获上，还能在未来的逆境中给予我们巨大的精神滋养，使得我们更容易渡过难关。

不论是睡前、晨起，还是上班路上，都是适合写感恩日记的最佳时间。我习惯在上班的地铁上写感恩日记，写完后和朋友们分享，互相给予心灵的滋养。

多赞美他人

每个人都渴望被赞美，而在表达赞美时，空洞的赞美往往无法触及人心。当我们赞美他人时，应当说出具体的行为或细节，必要时可以提升到对其品质的肯定。赞美也是一种需要刻意练习的技能，需要训练自己寻找他人闪光点的能力。**你之所见，离你不远，在赞美他人的同时，我们的心灵也会因此变得更加通透。**

提升思维精力的方法

番茄工作法

番茄工作法的要领在于："在25分钟内专注于一个事项，其间避免任何形式的任务切换。经过25分钟的集中工作后，休息5分钟。"此方法特别适用于需要深度思考的工作，如写方案、写总结、阅读、准备PPT等。番茄工作法通过建立一种工作仪式，帮助人们快速进入专注状态，从而显著提高工作效率，同时，因为专注就更容易感受到工作的心流体验。

每天吃掉"三只青蛙"

在每天的工作任务中，找出三件最重要的事，确定为当天的"三只青蛙"，并将它们置于最高优先级。"三只青蛙"完成了，您一定会收获不一样的成就感和价值感，进而提升个人的精力和动力状态。

若能和团队成员一起践行"三只青蛙"法则，效果将会更加显著。最简单的实践方式是邀请团队成员在微信群打卡，发布自己每日的"三只青蛙"，它能快速提升团队成员的目标感、成就感，同时增强团队协作意识。

提升意志精力的方法

在项目开始前，畅想成功画面

在项目开始前畅想"项目成功后收到祝福与喝彩的美好画面"，

多想想"突破挑战后,我能学习到什么?我能结识哪些杰出人士?我将经历怎样的变化?"这样的设想能够迅速激发内在动力。

当成功画面清晰可见,且每次回顾时引发身体的共鸣,每天醒来时有意识地重温这一画面,能稳健提升内在的驱动力,使我们在遇到困难时更加从容不迫。

探索内在热情和人生使命

热情是推动我们不断前进的引擎,而明确的使命能够帮助我们更好地应对挑战,集中精力。探索内在热情和人生使命是人生最重要的事情之一,以下是一些可行的方法。

- **带着好奇心去尝试不同的生活方式,丰富人生体验。**
- **通过回顾生活中的高光时刻和至暗时刻,挖掘激发热情的关键因素。**
- **寻求专业教练的帮助,在教练的引导下深入探索自我。**

当我们找到自己的内在热情和人生使命,并以此为指导日常生活的原则,我们的精力水平将自然而然地提升至新的高度。

共同行动

在文章的开头,您对自己的精力水平进行了自我评估,并设定了期望的精力目标。在阅读完本文后,不妨从以下两方面着手行动:

(1)**审视拉低精力水平的 20 个"错误行为",对照自己的日常习惯,刻意觉察和减少相关行为。**

(2)**针对"提升精力的 10 个方法",逐项评估自己的践行动力和可能性,挑选出最有动力去实践的 3 到 5 项,立即付诸行动**。相信大家行动起来就能体验到积极正向的改变,有了正向改变之后,坚持下去就不再困难了。

精力的提升关键在于"行动"。采用让您动力最强的方法，持之以恒，相信在1个月内，您就能感受到明显的进步；3个月后，您的精力水平将实现质的飞跃；一年之后，通过有效的精力管理，您将实现人生蜕变，活出自己的梦想人生。

> 在商业世界里，好的生态是自己创造出来的。

友者生存 4：为全世界加分

想清楚自己的人生战略，才能更好地创业

■ 蒋劲梅

正心格练字创始人
美国 BSE 企业家商学院 49 期冠军
加拿大高性价比留学项目专家

人生最重要的两个字是选择。在重要的人生节点，由于我们每个人的选择不同，可能导致曾经的好友和恋人渐行渐远。生命的列车一路前行，不断有新朋友陆续上车，结伴同行。在一次次的生命交错中，也成就了我们彼此不同的人生境遇。

我是蒋劲梅。读书的时候，我不是学霸，也不属于学渣。在语文课上，我上课不听讲，沉迷于看小说，也不会影响我的考试发挥；在几何方面，我则是图形摆在我面前，我都不知道怎么画出来，严重偏科。我对于人生的目标感很强，大学还没毕业，就给自己规划好了未来的蓝图：30岁前解决生存问题，40岁前实现财务自由，40岁后只干自己感兴趣的事。

定了这个大目标，24岁的我就开始在创业的路上一路狂奔，投身于广告行业。从制作、活动、媒体到策划，我一步步提升自己的能力，从离品牌公司最远的制作到离品牌公司供应端最近的策划和媒体服务，我都做过。在服务能力提升的同时，也完成了我人生的小目标——财务自由。这是我人生的第一次重大飞跃。首次创业，我并没有深入思考组织管理和模式定位，更多的是凭借着把事做好的决心和不断突破的精神，获得了很多客户的认可。

实现财务自由后，我开始寻找自己真正感兴趣的事。当时，我觉得仅仅收写字楼租金，意义不是很大，应该做一些更有价值的事情。

从事了十几年的广告业，我接触了各种类型的公司，深知做实体生意的不易，明确了自己选择项目的原则：要遵循"三0三高"的原则——0库存、0损耗、0应收款以及高现金流、高净利润、高刚需。这样的项目很难挖掘，但这是我追求的方向。

我用了2年的时间思考和探索，发现教育行业完全符合这个原则，并且我自己还很感兴趣。当时，教培行业主要由新东方英语和学而思数学主导，唯独语文还没有全国性的头部品牌，都是各地的地方品牌各自为政，各领风骚。

于是，我果断决定专注于语文教育，并将重点放在"练一手好字，读千卷诗书，写万篇佳作"上，将写字和写作作为核心产品。我第二次创业时，已经进入了21世纪。21世纪最贵的是人才，我没有太大的犯错空间。这一次我高举高打，直接聘请了咨询公司和教研团队，以确保核心内容和基础底层的扎实。我在苏州开设了第一个直营校区，很巧合地开在了已经有十几年品牌基础的小荷作文旁边。他们在当地根基很深，我小时候看报纸，经常会看到他们学员发表的作品。

但始料未及的是，我们这个校区从0开始运营，只用了短短两年的时间，学生数量竟然超过了他们。他们的校区有300个学生，而我们竟然一下子就突破了450人。分析了一下原因，其实不是我们的作文班人数超过了他们，而是我们校区的写字学生已经突破了300人。因为孩子们刚上小学时，最先开始学习的是写字。如果字写得不好，老师会让孩子擦掉重写，这让孩子和家长都饱受折磨，常常熬夜到很晚。如果你留意一下幼儿园大班到小学一二年级的孩子，10个孩子中最起码有9个在练习写字。而且，练字的效果比作文可以更快地显现出来。我们只要稍微策划一些活动，就能吸引大量的客户转介绍。

在商业世界里，好的生态是自己创造出来的。我们当时的品牌是状元全语文，包含了练字和作文两个品类，致力于提升学生的语文素养。然而，随着对市场需求的敏锐洞察，我们发现练字市场潜力巨大，于是果断把练字品牌独立出来，注册了"正心格练字"。我们又再次花重金投入二次研发，不仅为学生提供了专业的练字指导，更在短时间内获得了显著的教学成效，现场成交率高达 70%。经过 4 天 3 夜的集训加一个月的打卡练习，我们成功地将没上过课的普通人培养成为合格的写字老师（如果你对练字感兴趣，可以送你一份练字秘籍）。这个战略定位的调整，让我们迅速在全国拥有了 500 家门店。

如果说第一次创业是自己摸爬滚打，用了 15 年才徒步完成了人生的小目标。那么，第二次创业由于有了商业认知的累积和咨询团队的一路加持，我们如同搭载了高铁，仅用 5 年的时间就完成了人生的第二次飞跃。

2020 年，疫情给很多行业带来了前所未有的挑战，但我们教育行业却在这场风暴中展现出顽强的生命力。即使在疫情最严重的时期，我们所有的直营校区仍正常运营，我们的加盟校区也都实现了盈利。至 2022 年 12 月，无论是位于一线城市的上海，还是内蒙古赤峰的四线小县城，我们每家不到 100 平方米的小店，都实现了年利润从七八十万元到上百万元的跨越。这不仅是对我们产品的肯定，更是对我们团队凝聚力、实力以及决策力的全面考验。疫情对每个创业者都是一次大考，但正是因为有挑战才成就了我们今天的辉煌。

弹指一挥间，3 年疫情时期悄然过去了，我们已经从增量市场步入存量市场。在增量市场的时代，我们看好一款产品，会信心满满地投入资金，拿下代理权，随后招聘团队、投放广告、拓展客户。这种"失血型"的商业模式已经不符合现在的商业环境。2019 年，我和做实体生意的朋友们聊天，话题总是围绕着如何发展壮大展开。从 2020 年开始，讨论的焦点变成了如何裁员、减少开支、确保生存。2023 年，疫情虽已翻篇，但是实力不强的公司已经消失在这场没有硝烟的商业战争中了。企业家们正在休养生息，保持实力，个人网络 IP 不断地推陈出新，上班族心中也多了份不安，担心公司降薪裁员。

巴菲特曾经说："别人大胆时，我恐惧；别人恐惧时，我勇敢。"如果我们能从"失血型"打法转变成"造血型"打法，市场的反响会如何呢？目前我们对市场的预判是轻创业、轻合伙会成为许多人的新选择。

要破局，先破防，我们首先拆掉了自己的防护墙。以前和正心格练字合作，一家店每年就要交3万元加盟费，还要自己租场地。通常一个城市合作下来，我们要交给总部几百万元的加盟费。现在只要十几万元就能拿下一个城市的运营中心。我们用10年的专业经验，和您共同开拓当地市场，通过合伙共创的方式，协助您吸引和招募当地的资金和资源合伙人。我们充分利用当地的闲置空间，不再需要租赁场地。在师资方面，也进行了彻底变革：以前我们招聘老师，现在招募事业合伙人，不仅不用发老师工资，老师还要支付培训费。将老师的身份转变为合伙人后，极大地激发了老师的教学积极性。这个模式一推行，就验证了我们切中了时代需求的脉搏。

起初，我们以为事业合伙人以宝妈居多，后来才发现，实际上有很多的大学生、高校老师、幼儿老师、会计、行政文员等纷纷加入。他们想做副业，有些人因收入过于稳定而渴望改变，甚至有临近退休、想放松身心、陶冶情操的人士想加入。城市运营中心的合伙人同样呈现多元化的背景。我原先以为只有教培行业的从业者最吻合，但事实上做我们城市运营中心的有来自成人培训、康养、个人IP打造、家庭教育以及大型企业管理等不同领域的人士参与其中，很多没有教培背景的人也表现出色。深入研究2020年前的数据，我们发现住房、医疗和教育是家庭支出的前三名。尽管经历了2021年的"双减"，但2021年底的数据显示，家庭支出的前三名已经转变为旅游、医疗和教育，教育消费在家庭支出中始终稳坐前三名。教培行业的刚需，特别是在"双减"以后,反而呈现出"双增"的趋势。这个赛道里最刚需的项目就是练字,它不仅关乎家长对孩子的期望,更关乎卷面分,影响从小学到中高考乃至公务员考试的每一个环节。以前教育培训行业解决了大量大学生就业的问题,今天我们的轻创业模型,不仅解决了大学生就业问题,还满足了很多创业者想要获得小投入、大回报的多元化收入的需求。滴滴是出行领域的共享经济成功案例,美团是外卖领域的共享经济成功案例,而正心格练字瞄准的是素质教育领域的共享经济,它还深度满足了中产家庭一家三代人的吃住玩乐购的家庭消费需求。

轻创业的合伙人模式为想创业和想做副业的人提供了一种轻松的合作形式。投资1万至3万元,就可以成为合伙人,获得创富和自我增值的机会。同时,我们也为超级个体和商业机构搭建了超级联盟和多边贸易的平台,总部则更专注于赋能和投资,助力每一位伙伴在这个平台上实现自己的梦想。

这场变革历经10年磨砺,也让我实现了人生的第三次飞跃,从创业者转变为投资者,为那些渴望实现自己理想的小伙伴提供前进的动力。

多年经历让我深刻体会到人生战略的重要性。要明白为何而战,如何将自身优势发挥到极致。今天,能有缘翻到这一页的你,可以去想一下,你最大的优势是什么?你渴望自己的人生更出彩吗?如果答案是肯定的,一旦做了选择,就要勇于承担最坏的结果。如果可以承受,那就放手一搏。下一程,我们不一定再相见,但在此刻,我希望你活得烈马青葱。我现在每年一半时间在国内,一半时间在北美,两边的生活我都很喜欢。国内商业氛围浓,缺的是好产品和创意,不缺人;加拿大的生活节奏慢些,打网球、种玫瑰、剪草坪、钓鱼、看看书……这些都是平衡事业和生活的美好方式。

　　作为一个热爱文学、对商业有认知的创业女性,我在这里等你。我们可以探讨国内的商业机遇,聊聊国外的生活点滴,甚至探讨高性价比的加拿大留学方式。风有约,花不误,年年岁岁不相负。

> 谁痛苦谁改变,痛苦是非常好的信使,它会带领我们探索深层的潜意识,揭示内在情绪、感受的复杂性以及潜在的观念和信念。

友者生存4:为全世界加分

穿越痛苦,活出闪闪发光的自己

■ 今元

人保部高级私人心理顾问

二级心理咨询师

觉察力指导师

当你看见河,你已在河之外;

当你看见山,你已在山之外。

当你能看见自己的任何情绪,你已在情绪之外,

你就是自己的观察者,这就是觉。

——咏给·明就仁波切

很早之前,我曾经玩过一个游戏——《金庸群侠传》。这是一个武侠角色扮演游戏。游戏刚刚开始的时候,游戏的主角,也就是我,只会一种叫作野球拳的功夫。野球拳如同狗刨式游泳,是没有招式的乱打。于是,我乖乖地学习了我心目中金庸小说里最厉害的正派武功——降龙十八掌。然而,武功升到一个级别就很难再升上去了。于是,我不得不耐心地苦练内功,不停地修炼功法,与各路英雄豪杰交手,终于将降龙十八掌练到最高等级,成为武林盟主,一举歼灭以欧阳锋为首的邪派力量,然后游戏就结束了。虽然游戏结束了,我却还没有尽兴。我就很好奇,如果我练了欧阳锋的蛤蟆功,变成了一个邪派顶尖高手,又会怎么样呢?于是,我又玩了一遍,这一次我学习的是邪派高手欧阳锋的蛤蟆功。经过又一轮的刻苦修炼与战斗,我练到了最高等级,顺利成为邪派的武林盟主,将正派高手全部打败,游戏结束。玩过两遍,我依然特别好奇,如果我谁的功法也不学,就练我自己的野球拳,会怎么样?然后我开始了第三次挑战,最后的结局不知道大家能不能猜到?我苦练内功,将野球拳练到最高等级,最终,我依然打败了所有武林高手,成为武林第一。

虽然刚才说的是游戏,不知大家是否从中获得了某种启发?

且把正邪放到一边,不管修炼哪一种武功,修炼内功是所有武功的内核。野球拳没有章法,但若有深厚的内功和正确的心法,内在的智慧自然会引导拳法、招式的不断调整,照样会发挥出惊人的威力。

而武林高手的指导不过是师傅领进门，修行还在于个人。其实自我成长的过程与游戏非常像，只不过自我成长的内功是深厚的觉察能力。

我们生活在一个知识爆炸的时代，各种信息可以轻易获取，能人辈出，但同时这也是一个充满混乱的时代，各种知识真伪难辨，所谓的大师鱼龙混杂，我们很容易陷入盲目迷信大师与权威的误区之中。在成长修行的领域中，各种流派、法门和功法就好比武林中的各种武功。很多人将精力和时间投入到跟随不同的老师学习中，花费几十万甚至上百万元，最终依然没有解决自己的问题，于是又走上寻找更强大师的旅程。其实如果内功没有练好，每一种功法都像是照猫画虎，只有形没有神，变成了花拳绣腿的假把式，甚至还有可能陷入邯郸学步的困境，连自己原来的本领也失去了。有很多人在学习的道路上，自己还没有学精，就化身为老师去指导其他人。我们好像从求学者变成了高高在上的救世主，一边吸取他人的"能量"，一边化身老师普度众生。这种做法不仅误导他人，也迷失了自己。这个世界不缺老师，而缺乏生命的践行者。遇到引导外求的老师，我们应三思，那些引导内求的老师才是我们真正的良师益友。

在生命的成长过程中，过分依赖外求并非最根本的解决之道。当我们陷入困境时，暂时借助外力是必要的，但最终只有内求才是唯一的出路。

当开始内求时，又容易陷入另一个误区，认为成长就是不断地去获取新的知识。 现在很多注重成长的人习惯于多读书，大家把关注点放在读了多少本书上，而并非将一本书读透。多读书固然重要，但是只读而不去实践，那么每一本书不过是过眼云烟。如果自己没有足够的觉察能力，就会在浩瀚的书海中失去方向。生命的成长更应关注技能的修炼，而不是简单的知识堆砌。我们不需要太博学，而需要具备深入钻研的能力。以驾驶技术为例，我们看过一遍驾驶说明书就能掌握驾驶技术吗？我们要不断地练习和实践，才能逐渐熟练。而驾驶人生这辆"车"更为复杂，仅仅大量阅览其他人的"驾驶"体验或者"驾驶"技巧是远远不够的。**成长始于实践，一边实践一边有针对性地阅读，才能让书籍发挥出最大的价值。**

有没有真正快速有效的成长方式呢？答案是肯定的。**真正快速有效的方式就是前面提到的，练习和提升觉察的能力**。当觉察成为习惯，成长甚至可能自动发生，人生将进入自动成长阶段。还是以驾驶技术为例，刚开始学习和练习时会很辛苦，但只要方法正确，越练习越熟练，到最后你甚至无须刻意关注驾驶，你的驾驶技术仍在不断提升，直至炉火纯青。

再举一个例子。假设你从深圳出发，前往北京，只要你找到京港澳高速的入口并一直行驶，你或早或晚终会到达北京。很多人一直深陷在各种各样的烦恼与痛苦当中，其实就是没找到"高速公路"的入口，也不知道如何在高速公路上保持前行。自己一个人在城市与荒野中艰难跋涉，或许自认为正朝着北京前进，但其实早已偏离了方向。每一个人都似乎很努力，但如果方向错误，努力也是白费。自己摸索路线的努力和在高速公路上的努力所达到的效果相去甚远。

什么是高速公路的入口呢？就是对自己和他人的觉察。觉察其实就是观察。伟大的灵性导师克里希那穆提曾说过，不带评判的观察是智力的最高形式。这种觉察可以指向内在的自我、他人，乃至我们身处的环境和整个世界。真正的客观观察意味着超越个人的人格局限，以上帝视角观察一切，观察自己的情绪、想法、思维模式、信念等。去观察，但不轻易评判。因为有评判介入，观察就失去了其客观性。

如何让自己保持"在高速路上"的状态呢？就是不轻易被自己的

情绪、想法、思维模式、信念等轻易牵引，偏离正确的轨道与方向。当你将情绪与想法当作现实而不自知时，你就已经下了高速，却还以为自己一直在高速上朝着北京行驶呢。不轻易被情绪和思维等左右其实是很难的，对于大多数人来说甚至是不太可能的。然而，我们可以从最开始的由情绪、思维带走而不自知，逐渐发展到意识到自己的偏离，学会回归正途。最终，当我们不再被轻易带偏，我们就能保持在正确的道路上。哪怕开得慢一点，累了在服务区休息，仍然能够沿着最短路径前进。久而久之，当觉察成为一个条件反射时，就像在生命中建立了一个自动导航系统。不是不能偏航，而是偏航时你也能意识到，在每一个当下，总能找到最佳路线来引导自己。并且，遇到各种路况（烦恼和痛苦）时，我们能以最短路径继续行驶。

当我们遭遇痛苦，我们通常的反应是希望外界或他人能够改变，以满足我们的期望。让他人或者这个世界按照我们想要的方式去改变或运转，这怎么可能行得通？所以这样的方式只能让我们原地踏步，甚至陷入恶性循环。有效的策略是从外在世界回归我们的内在世界，我们需要先唤起觉察，所有的问题，你要先发现，才有解决的可能性。没有觉察，就没有改变的可能。觉察是观察和发现的过程，也是改变和调整的开始。觉察越多，就会有越多的发现，我们才会有调整和改变的可能。

我们需要觉察当下的痛苦都包含什么。谁痛苦谁改变，痛苦是非常好的信使，它会带领我们探索深层的潜意识，揭示内在情绪、感受的复杂性以及潜在的观念和信念。这个时候，如果我们能先清理和释放情绪，然后松动情绪后面不合理的信念或者认知，改变就会自然发生。当我们忽视情绪而强行调整认知时，我们是无法调整的，因为潜意识的影响深远而强大。这就是许多道理我们都明白，却难以付诸实践的缘由。只有当我们清理了情绪，想法与信念才有可能松动，真正的改变才有可能发生，我们的内在世界才可以实现升级和跃迁。

那么好了，接下来就是不断地重复这个过程。一有情绪就能及时觉察，不断地释放情绪和调整认知，这是一个持续的自我调整过程，正如生命之水自然流动，我们的生命也将自然而然地发生改变。随着时间的推移，生命旅程中的"驾驶技术"也会越来越熟练。

练习的过程可以自己掌握节奏。如果想慢一点，就选择比较强的情绪来练习；如果想要快一点，就每天挑选几件事情来练习；如果想要更快的成长，就时刻保持觉察，时刻进行调整。真正的修行正是这种不断的练习。

我们处在这个世界中，痛苦大多来自各种关系。关系可以分为三类：与他人的关系、与世界的关系、与自己的关系。所有关系的基础其实都建立在我们与自己的关系之上。正如古语所说："知己知彼，百战百胜。"在处理关系时，如果我们既不了解自己，也不了解他人，只想凭自己的一腔热血取得成功，这肯定是不可能的。市面上有很多的沟通技巧和技术，但如果没有建立在知己知彼的基础上，那么一切方法和技术都将是无根之木、无源之水。不停地在自己身上练习与提升觉察的能力，当你能看清自己时，你自然就能明白他人，就知道如何处理各种人际关系，无论是情感关系、亲子关系还是其他社交关系，因为我们的人性本来就是相通的。

痛苦并不复杂，它其实就是各种情绪、认知、信念的集合体，所谓的创伤事件亦是如此。我们对恐惧的恐惧，远比恐惧本身更可怕。如果我们真正学会并掌握了觉察和调整的技术，我们就可以看透和穿越所有的苦厄，获得勇气去拥抱真正的人生，活出闪闪发光的自己。

> 人生如同一所学校,我们来到这里是来学习的,最终为了获得自我觉悟。因此,我们见天地,见众生,最终是为了见自己!

友者生存4:为全世界加分

一个村妇的半生浮华

■ 娟子季

一个不太会种地的村妇

研究中医养生10余年

当过瑜伽老师,教过古琴

先生是一个深耕中医药30年的乡野村夫

友者生存 4：为全世界加分

我一直觉得我活不下来。因为我是女孩，刚出生不久就被父母遗弃了。婴儿时期的我，吃了上一顿奶，便不知道下一顿奶在哪里。

如今，我已经 34 岁了，我不仅活了下来，还有很多人跟随我学养生。以前，我一直认为我这辈子不可能结婚。我二十多岁时，就开始教瑜伽，闭关学古琴，我认为世间男子不值得我托付终身。

可是在 26 岁那年，我不仅结了婚，还有了两个可爱的孩子。我曾以为我这辈子注定碌碌无为，在老家的村子里度过一生，因为我从小就被周围邻居告知"我是一个连自己亲生父母都不要的孩子"。

我现在确实还在农村，但跨越了千里之外，嫁到了塞外，我和我的先生，用自己平生所学，引导着很多人走向身心健康的道路。

我发现，人生其实有很多的可能，只要我们选择相信！

我被遗弃

在 1990 年的一个深秋的夜晚，一个婴儿出生了，她连脐带都没剪，就被她的亲生父亲送走，仅仅因为她是个女孩。

不过，很幸运，她被送往一个充满爱心的家庭，养父对她视如己出。然而，邻居们总拿她的身世开玩笑，说她是一个连亲生父母都不要的女孩子。这些闲言碎语深深刺痛了她幼小的心灵。

我就是那个小女孩。那时，总有一种念头从我脑海里冒出来：你们等着，我会证明给你们看，你们是错的。但是作为一个农村女孩，能做什么？唯一的出路，就只有读书。于是，我拼命学习，从小学到初中，我的成绩一直名列前茅。在很长一段时间里，我一直是爸爸的骄傲。可是到了高中，无论我怎么努力，成绩却总上不去，尤其是数学，经常不及格，我陷入了深深的迷茫之中。迷茫以后，是一次又一次挑灯夜读，因为我知道，这是我唯一的出路。

可能是老天眷顾我，我高考考出了历史最高分，我记得很清楚，503分，刚过当年的二本线。

进了大学，我积极参加社团，参与各种社会实践，想尽一切办法提升自己。由于家境贫寒，我还做了各种兼职。尽管如此，我不仅连生活费都没赚到，还差点被骗。更糟糕的是，我还挂科了，最后差点毕不了业。

大学毕业后，我揣着口袋里仅有的60元，满腔热血地跑到上海。我啃了三天的馒头，发过传单，做过群演，差点流落街头。但凭着一股韧劲，我在新公司里从最基层做到主管，可职场里的钩心斗角让我心累。最终，我选择了裸辞。

遇见瑜伽

我一直想当瑜伽老师，可是没有任何积蓄，我的父亲便用他卖稻子和向亲戚借来的10000元，支持我踏上了瑜伽之路。可那时，他连瑜伽是什么都不知道。他对我无条件的爱，让我在人生的很多黑暗时刻找到了力量。

由于长期的熬夜、不规律饮食和巨大的心理压力，我在开始练习瑜伽时，又胖又黑、身体僵硬、思维刻板，我经常被老师严厉批评。于是，除了睡觉、吃饭，我都在拼命地学习，忘我地练习。几个月后，我瘦了20多斤，身心也发生了巨大变化。因为我表现优秀，被馆长留下来任教。

最初半年内，只有一个学生来上我的课，而且她只是借上课的名义来睡午觉的。这让我再次对自己产生了怀疑。但我没有放弃，反而加大了练习的强度，戒掉一切社交。在一次又一次的汗水洗礼下，我的课堂逐渐吸引了更多的学生，我赢得了很多会员的青睐和好评。

遇见古琴

当生活看似惬意而美好时，我遇到了我的古琴师父。

起初，我发现别人 1 小时能学会的古琴曲，我 7 天都弹不会，内心充满了"我太笨""我不行"的负面声音，我意识到我必须要跳出当前的舒适圈了。

于是，我又辞职了。接着，我跟随师父在终南山闭关修炼了 3 个月。深山里没有信号，生活简朴，每天吃土豆、白菜，住着极为简陋的房屋，几个月不能洗澡洗头，还不时被师父严厉批评。除了练琴，每天还有很多体力活要完成。但在这个阶段，我减少了很多内耗，内心也越来越笃定。

闭关结束后，为了巩固学习成果，我又给自己多加了一个月的闭关时间。下山时，我成了别人眼中的"世外高人"，本以为就此可以大展身手了，结果我被师父安排到古琴基地做一些打杂和看门的工作。在山上获得的清静，被世间的各种杂事侵扰得荡然无存。

遇见中医

经过一年的锻炼，当我觉得自己能够独当一面时，我遇到了我的先生。他深耕中医药近 30 年，通晓天文地理，但为人耿直，不为世俗所容，于是，我跟随他回到他的老家——内蒙古一个偏僻的农村。

在那里的三年里，我怀孕、生子、带孩子、做家务……成了一个名副其实的北方村妇。这里虽然穷，但真的非常宁静。

孩子每天早上6点醒来，我就5点起床练习瑜伽。当孩子在白天睡觉时，我就弹琴、读书，然后做家务。有时候孩子醒来，就跟着我一起练习。

当我觉得岁月静好，日子可以永远这样持续下去时，有一天，先生怒气冲冲地跑到我身边，忍不住骂道："这些人真是脑子不够用，我都讲了这么久了，还在问，头疼吃什么？"先生在线上讲授中医已经十余年了，我印象很深的是，一个学员，本来只是遇到了简单的更年期问题，硬是被吓得惶惶不可终日，甚至每天把自己的排泄物照片发给我先生看。类似的例子太多了，让我先生有一种"根本没人在乎我说什么"的感觉。他一边心痛病人们不自知的懵懂，一边生气大家不自律的盲目。他深知，再好的医生，治疗疾病也需要病人自己调节。**可人，往往最难改变的就是自己。**

于是，他一怒之下，关掉了线上的所有社群。可我深知他的顾虑：嘴上骂骂咧咧，嫌弃别人不听话，可其实心里根本放不下大家。于是，我决定站出来，换种方式，筛选出同频的人。

我把以前的公益讲学变成了收费的，并且进群之前要审核，通过之后，才能付费加进来。就这样，学员虽然看起来少了很多，但是进来的人都比以前用心多了，更加能明白我先生在说什么。大家一步一个脚印，跟随我先生的步伐，逐步地发现自己生病的根本原因，并且学习一些切实可行的中医方法，解决自己和家人的健康问题。

另外，我常看到学员因为吃了熏过硫的、掺了假的中药而痛苦，倍感无奈与悲愤。于是，我便利用先生在中药圈子积累的十几年的人脉和渠道，开设了一个线上店铺，解决了大家平时头疼的中药材使用的问题。店铺经营了五年多，复购率非常高。

友者生存 4：为全世界加分

让我们更开心的是，很多亚健康的人，在我们的引导之下，逐渐健康起来。

遇见众生

后来，我决定进入自媒体行业，将我们的理念和方法分享给更多的人。

可是经过三年的努力，我所有的关注者还不到 5000 人。更加让我沮丧的是，很多平台都在限制和打压中医。我记得 2023 年，在一次直播中，因为讲了太多和中医相关的内容，我的账号直接就被封号了。这样的经历常常让我有深深的无力感。

为什么那些没有底线的网红能够在自媒体平台上大行其道，而我们这些真正做事情的人却难以获得公众的关注。尽管如此，我依然坚守着我的短视频和直播。虽然数据很不好，甚至很多时候直播讲到一半就被官方突然打断，但我坚信，只要能影响一个人，这种努力就有价值，所以我才走到了现在。如今，我的视频号关注人数已经突破了 20 万（截至 2024 年 4 月 5 日）。

可是，突然一下子这么多人关注我，在开心之余，我也感到一丝不安。我不断自问，我凭什么拥有这样的影响力？我一遍又一遍地审视自己的初心，难道只是为了多卖点东西，多赚点钱？

于是，我下架了我们大部分的中药材，仅对会员开放留下来的中药材。因为我知道，关注我的人大部分对中医了解不多，他们可能因为信任我而盲目购买，却不懂如何辩证使用。我意识到，药材质量越好，潜在的副作用也可能越大。此外，减少商品销售也能让我将更多精力投入内容创作中。

无论是短视频还是直播，本质都是同频共振。我要用我的内容帮助更多人在养生路上少走弯路，少花冤枉钱，减少不必要的痛苦。

遇见自己

我很喜欢现在的状态，我感到轻松自在，真实而又有趣。和先生一起在中医领域持续深耕，以我们自己的方式，帮助一个又一个深受疾病之苦的人重获健康。

虽然我并没有达到社会普遍定义的"成功人士"的标准，但我的内心充盈，可以按照自己的方式去过简单的生活。这对我来说，就是经历风雨后的那道绚烂彩虹。

以前那些看似不尽如人意的经历，如今看来，其实都是一次又一次让我更加贴近自我的旅程。我从中汲取了宝贵的智慧，甚至遇到了值得倾注一生的事业。

人生如同一所学校，我们来到这里是来学习的，最终为了获得自我觉悟。因此，我们见天地，见众生，最终是为了见自己！

> 我们的人生没有假设,有的只是你在选择那一刻的坚定和坚持走下去的勇气。

友者生存4:为全世界加分

为了遇见更好的自己,我一直在路上

■ 李晶

DISC+社群联合创始人

在写下这些文字之前,我陷入深思,如果没有多年前的那份不屈不挠的坚持,今天的我,是否会遇见不同的人,看着不同的风景,过着完全不一样的人生?我们的人生没有假设,有的只是你在选择那一刻的坚定和坚持走下去的勇气。

在创业之前,我在一家全球500强的知名快消品公司担任区域经理,这份工作我做了十年之久。昔日的同学都觉得奇怪,我这个看起来文静的乖乖女,为什么会选择这样一条职场道路,且坚持了多年。

回望过去,人生确实充满了不确定性,但最关键的也许真的只有几步。有时候,选择比努力更重要。

毕业后,我的第一份工作是在一家国有企业上班。作为一个不出错也不亮眼的新人,我在入职三个月后,遇到了公司的第一次改革,我被通知停职待岗。在那个时代,分配的工作被视为铁饭碗,一生无忧。有很长一段时间,家里都是低气压笼罩,父母的担忧和愁绪溢于言表。那时候,我做了人生第一个违背父母的选择——自主择业。在那个报纸广告盛行的年代,一则招聘启事开启了我和第二家公司的缘分。

后来,我经常想,是什么引导我走上了这样一条人生道路。从小到大,从读书到上班,我一直走的都是按部就班的道路。第一份工作的意外丢失,加上父母的叹息和无奈,可能成功唤醒了内心深处那个不服输的我。关于那则招聘启事,后来常被同事们调侃,说公司花两万元刊登的招聘广告,只招到了我一个人,戏言我是公司"最贵"的员工。作为一个职场新人,我没有耀眼的简历背景,也没有令人印象深刻的面试表现。据传公司的一把手和二把手在面试中各自有认可的面试者,奈何都说服不了对方,最后在翻阅简历时,他们注意到了我的字迹,两人一致认为:这个女孩的字写得不错。于是,我就这样接到了入职通知。这个故事的真假自不必说，但我始终相信，别着急，所有的努力，终将有一天会有回报。

在这家公司，我工作了近三年，先后在销售部、市场部和财务部开启了我的职场之旅。每一次都是从零开始，这段工作经历让我在最短的时间内锻炼了不同工作岗位所需的工作能力，完成了职场新人蜕变的第一步。我第一家自主选择的公司，作为国内知名的快消品公司，在我离职那年被法国达能集团控股。

经历了几次职业转换，因为有上一家公司的工作经历作为背书，我以区域经理的身份入职了创业前的最后一家公司，那一年，我28岁。当时，快消品行业的竞争已经愈发激烈。尽管作为一家世界知名500强企业，但由于各种原因，在我负责的市场中，我们所占的份额微乎其微。我用了几个月时间才从原有的思维模式中调整过来，这段经历教会了我，无论何时，都要保持空杯心态。

基于原来公司的业务销售模型和数据，我对新公司负责的区域充满了信心。然而，在第一个月，当我约访了所有一级经销商后，再看着手中的原始数据，我才不得不正视现实：虽然新公司有着远超我上一个公司的品牌影响力，但市场的难度也远超我的预期。这时候，骨子里的倔强让我亲自冲在第一线，和基层业务人员一起，从产品上架、陈列、促销、谈判到团队的重新组建，再到经销商的筛选和谈判……每一个能关注到的细节都做到极致。我甚至亲自负责终端店铺的陈列工作，也因此数次被客户阿姨赞赏并拽住，她想要给我介绍对象。我对工作投入到了什么程度呢？别说节假日，就连做梦说的梦话都是关于业绩和会议的。结果，第一年，我负责区域的业绩实现了三倍的增长。

在公司工作的这十年间，我经历了外部环境的不友好和内部团队的不配合,甚至面临过出差时的人身安全威胁。然而,每当我回顾过去,我意识到在这样一个知名的公司,所遇到的人和事都是经过筛选的。尽管在公司的这十年间充满了艰辛和挑战,但它们都是可控的。因此,在离职后的很多年里,我都会劝身边的朋友,在职场中一定要正视自己,不必妄自菲薄,也不要自命不凡,千万不要错把平台的托举当成自己的能力。我无比感恩在公司的十年,它让我在快消品运营领域深耕细作,或许没有很辉煌,但这段经历让我有了勇敢面对挫折、不公和苦痛的能力。

35岁那年,我跨入高龄产妇的行列,我的儿子出生了,顺产。你可能挺难想象,作为一个孕前96斤,孕后最高峰达到116斤,多年来一直把增肥作为口头禅,但从未突破过100斤的高龄产妇,我竟然能够顺产。**无他,就是将为人母的爱的支撑**。

多年的职场生涯,出差成了常态。然而,身份的改变让我瞬间想要安定下来,我的生活和精神的重心开始倾斜。频繁的出差让我感到了前所未有的困扰,对孩子的爱让我不能忍受哪怕短暂的分离。随着儿子的成长,作为一个新手妈妈,我从一开始关注婴幼儿的吃、穿、健康,到深入研究早期教育,这一过程引领我接触了现在的创业目标。

从最初接触到通过各种渠道反复了解,再到向北京总部递交合作书,我用了一年的时间。但是非常遗憾的是,在我们递交合作书的次月,品牌方暂停了中国区的加盟审核。这一等就是大半年,虽然也曾考虑过换其他同类产品,但多年一线品牌运营的经验让我对品质有着极高的要求。我始终坚信品牌的背后是品质的支撑,因此我选择等待。值得庆幸的是,这段时间,我始终没有放弃,一直与当地直营中心保持密切的关系,也参与了课程学习和管理工作培训。

友者生存 4：为全世界加分

最终，在一年后，我们以直营中心教学分中心的形式，开设了第一个校区。至今，我仍记得直营中心主任当年对我的教诲："教育不是个短期营利的产品，做教育要耐得住寂寞，更要始终记得初心。无论何时，不做伤害品牌的事情。"如今，回顾当年的要求和期望，我可以自豪地说，我做到了，而且会一如既往地践行下去，始终保证把最好的东西提供给我们的客户。

在整个创业过程中，我延续了多年来一贯的风格，即倔强的认真和执着的高标准。虽然前期的回馈很慢，但这种坚持最终换来了回报。2018 年，我开设了第二个校区，在当地市场中，我们的口碑和规模也达到了新高。

随着年龄的增长，我对自我的认知也在不断提升，我发现了自己越来越多的短板。一开始，会陷入自己为什么不够好的内耗中，慢慢地，我发现"学习"这两个字可以改变很多。这时候，依然要感谢我内心深处那个不服输的我，我开始参加各种学习，从刚开始仅限于工作层面的基础业务板块的各种运营课程，到后来涉及儿童教育和家庭教育的各种课程。那段时间，我不是在上课，就是在去上课的路上。

随着业务板块的扩张，我需要在工作和学习上投入更多的时间，我发现我能陪伴孩子的时间越来越少。非常感恩和幸运的是，在那几年，我的父母帮我承担了大部分养育儿子的重担，我才得以心无旁骛地投入工作和学习。

在儿子成长的过程中，一方面，我想要给孩子最好的；另一方面，受限于自己的认知和创业的压力，我在育儿的路上走得无比艰难和纠结。

心理学上有句话是这样说的："谁痛苦，谁改变。"我果然是主动改变的那一个。我接触了心理学，并参加了 ICF（国际教练联合会）

国际认证教练的培训，并用了近三年的时间深入学习教练课程。在这个过程中，我意识到：谁有能力，谁改变。**我庆幸自己是有能力改变的那一个**。有朋友问我，花了那么多时间和金钱，我到底得到了什么？我告诉他们，**我收获了内心的丰盈和成长，以及面对困难时坚持下去的勇气。而这些，恰恰是无法用金钱衡量的**。

在陪伴儿子成长的过程中，我不断自我提升，从正面管教讲师到思维导图国际裁判，再到 ICF 国际认证教练，我一直在努力。在助力孩子日益进步的同时，我也希望自己能不断成长。

作为一个对财富没有过高追求的人，我一直想要的就是全身心地陪伴儿子。

经历了三年疫情和艰难的 2023 年后，我越来越感觉到，工作于我而言，不仅可以为我提供一份收入，它更是我信念的支柱，是我价值的体现。它就如一个我倾注了无数心血的孩子，一天天在长大，而我现在唯一能做的，就是让它变得更好。

因此，面对即将到来的 2024 年，我选择再次出发。陪伴孩子和自我成长，这两者都不需要放弃，为了遇见更好的自己，坚定地前行。

> 我渐渐明白,这个世界根本就不是一个名利场,而是一个我们分享和表达爱的舞台。

活成一个小太阳,闪耀人间

■ 李晓迪

国有金融企业内训师

简单妈妈首批妈妈导师

大脑基因检测咨询师

上大学的时候，别人常常称赞我，"晓迪就是个小太阳"，"即使在暴风雨中，晓迪也能找到属于自己的阳光，就像一朵向日葵"。感恩即便是在人生的低谷中，也有人引导我关注那些让我受挫的经历，用长远的眼光去看待，相信凡事都有美意！

上高中之前，我一直生活在爷爷奶奶身边，生活简朴，却也充满了无忧无虑的欢乐。我常和邻居的孩子们嬉闹，打成一片，学业成绩也一直名列前茅，老师喜欢我，奶奶也常常夸赞我。

步入高中后，我以为还能像以前一样与老师真诚对话，但开学没多久，因为一次我当场表达了对班主任不公行为的抗议，年少不成熟的我挑战了老师的权威，就此开启了三年的黑暗时期。成绩优异、在班级里个子不算高的我被安排坐到教室的最后一排，班主任时常莫名其妙地批评我，让同学们也跟着挖苦我，从我的生活习惯到我说话的声音，只要提到我的名字，班级里就会出现嘲讽的声音。

这个平日里并不怎么认真教书的老师，深深伤害到了我。那些以泪洗面的日子，回忆起来，我惊讶于自己的坚韧，即便周围的环境让人不适，我竟然还能一直稳居班级第一名。我一直心存希望，将最大的热情投入学习中。那段日子里，母亲激励我，她的那些话语积极而有力量，为我描绘了一个美好的未来，她告诉我"万事互相效力"。我的朋友们愿意倾听我的诉说，其他老师则不断鼓励和赞赏我，让我感受到在这个世界上，总有人爱我。

高考成绩不理想，加上报考时的失误，让我毅然选择了复读。复读这一年，我仿佛看到了光，看到了一个真正教书育人的老师应有的风采。班主任肖老师的鼓励与称赞，同学们的笑容与热情，让我的生活重新焕发了光彩。

我想这才是世界的常态，只不过有些人病了而已。

友者生存 4：为全世界加分

高中毕业后，我选择在每周末当一名儿童义工，投身生命品格的教育。我经常用自己不多的生活费为孩子们买小奖品，那段日子，我深得孩子们的喜爱。每当我一进教室，就听到孩子们兴奋地喊："晓迪老师，我们都想你啦！"做游戏时，我总会被孩子们争相拥抱。还有家长告诉我，她的孩子因为喜欢我，偷偷拿了我的长头发藏在枕头底下，这让我感到无比温暖。

大学时期的周末，我没有沉溺于吃喝玩乐，内心感受到了满满的充实与喜悦。

十年间，尽管做义工从未给我带来任何收入，但我的内心始终感到平静和满足。我渐渐明白，这个世界根本就不是一个名利场，而是一个我们分享和表达爱的舞台。

2013年，学校组织大一学生参加暑期甘肃山区的支教活动，上千人报名，面对各种困难，经过层层选拔，平凡无奇、不被大家看好的我竟意外被选上，踏上了支教的路途。我从未想过支教能带来哪些好处，我就单纯地想告诉山里的孩子：**这世界上有很多人爱着你们**。

从哈尔滨到甘肃，44小时的硬座车程，一次次地转车，绕过一座座大山，终于到达了目的地。在那里，我们有一个封闭的办公室遮风挡雨，睡在用椅子搭起来的床上，却异常结实；盖着有泥土的被子，却很温暖；墙上趴着各种虫子，却没有伤害我们；在黄土高原上，虽然缺少水源，却有老天降下的雨水。

孩子们的头皮里满是土疙瘩，衣服脏破，鞋子露出脚趾，但这些都无法掩盖他们天真无邪的笑容；通往学校的路要翻过一个又一个山头，却没有阻挡他们求学的脚步。在支教的两周里，除了日常的教学，我给每个孩子都写了一封长长的信，希望可以激励他们更勇敢地前行。临别的前一天，我为孩子们洗头发、梳头发，他们也乖巧地为我梳头发，还送给我他们平时都舍不得吃用的东西。

支教的地方位于甘肃会宁的蔺家湾，四面环绕着黄土高山，一望无际。校园门口那几株坚韧的向日葵，在夕阳的余晖中显得格外耀眼。**当我感受到这一切美好时，就更清楚地认识到，这个世界不该是我们抱怨和充满贪婪的地方，而是应该充满赞美和感恩。**

支教结束后，我选择资助了一个低年级的孩子。当时正在读大二的我，生活也很拮据，但我想只要每天攒两块钱，就可以资助一个孩子一年的学习，何乐而不为？这样的资助一直持续到今天。2020年4月，我资助的那个孩子的母亲不幸去世，家中还有五个正在上学的孩子。蔺校长告诉我这个消息之后，我迅速在朋友圈组织了一次捐助活动，两天内总计收到20位朋友共4520元的捐助款，还有12位朋友捐助了衣物。看到身边的朋友们如此积极，我更加相信这个世界充满了爱！

2022年6月，我再次在朋友圈组织了一次物资捐助活动。考虑到老校长取快递不易，我特意定下了在规定时间统一寄出快递的规则，又联系了河北的一家残婴院，给不方便在那几天寄出物资的朋友作为备选。在我的小圈子里，总计有20名朋友参与，寄出了24个大包裹。蔺湾小学校长和河北黎明职能康复中心的院长都将收到的包裹及分发过程给了我反馈，让每位捐助者清楚了解自己捐助物资的去向。

在研究生阶段，我面临着巨大的学术压力，无论怎么努力都看不到成果，真的感到崩溃。然而，在那段时光里，你却能常常看到特别乐观的我。冬日里，我感受着阳光的温度，对着太阳比个剪刀手，好像要把它剪下来；夏日里，我早早起床，来到校园里的小湖边，在太阳刚升起的时候，伴着鸟鸣声读书，与大自然对话。我细细体会着这一切，万物都太美好了！**人世间最好的一切竟都是无价的，空气、阳光、雨露、鸟鸣……大自然的免费馈赠，就足够安抚我那颗浮躁的心。**

2019年毕业后，由于各种客观原因，我阴差阳错地来到了银行的研发岗位工作。由于缺乏专业知识的储备和热爱，我压力大到去医院检查甲状腺和淋巴。不能为其他人创造价值，让我感到非常痛苦，后来我被调到了测试岗。领导说我是全部门里最差的员工，那时努力工作的我在感到惊讶之余，也深知在这里很难发挥我的优势。

当单位内训师招人时，我感到机会来啦！而那时，我刚生完二宝一个月，喂奶、陪宝宝玩的时候，我就思考申报材料的内容，再趁小宝宝睡觉的时候，我录制课程。最终，我幸运地被选上了。就这样，我成为一个有158位员工的部门，基层员工里的首位内训师，开始在有七千余人的平台上分享。

我相信这世界总有我们发挥优势的地方，相信每一个生命都是造物者的荣光。但愿我们都能尽心、尽性、尽力、尽意热爱每一天，这是我们对生命的最好回应。

在2021年底，我刚生完宝宝，就有朋友推荐我向简单妈妈学习，于是我从产后第30天开始，系统学习0—3岁宝宝的养育知识。在宝宝40天的时候就开始独自承担起照顾他的重任，引导宝宝独立自主入睡。宝宝45天时，他已经能够整夜安睡。在学习的过程中，我感受到了爱与支持，就想要支持更多的妈妈。我在社群里连续担任助教，甚至为了让大家有好用的笔记，深夜制作思维导图。也有信任我的年轻妈妈深夜与我通话，向我诉说自己的难处，并感谢我的陪伴，帮助她们走出低谷。

与此同时，我开始学习多年前就有接触的MCS家庭教育讲师认证课程，组织身边的妈妈们一起学习。抱着才两个月大的宝宝，我免费分享了 8 次课程，收到了一封封感恩的回信，有的妈妈甚至含泪听完全程。

简单妈妈推出的妈妈导师班旨在激励和陪伴妈妈们成长，释放潜能，实现人生价值。我想起做义工的时候，很多母亲找我聊孩子的事情，年轻的我无法给出太多建议，我未来不想有更多这样的遗憾！于是，我成为简单妈妈第一届妈妈导师班里最年轻的学员。

大学时，我给一个初中女孩补课，意外发现没有经过专业训练的她，独奏笛声悠扬，建议她的母亲让孩子走艺术道路。后来，我收到了她的喜讯，孩子因其音乐天分与热爱，上了不错的大学。曾经很沉默的女孩，如今欢脱自信。我相信每一个人都是带着使命和意义来到这个世界上的。而这一次的经历让我意识到，如果可以帮更多人找到其优势所在，那是何其美好的一件事。2023 年，我又学习了 IICTF 认证的优势教练和 BGDE（关于多元智能和人格特质的系统课程）咨询师课程。当我开始指导身边的人时，看到了他们脸上对未来充满希望的神情，甚至平时不自信的家人也笑得合不拢嘴地说："如果我做这个，肯定也行。"我希望自己能不断精进，帮助更多人找到他们的使命。同事看到我积极的生活状态，不禁感叹，原来一个人还可以这样积极地活着。她对我说，我用实际行动影响了她，也照亮了她的人生，让她看到还有另一种生活方式。

2024 年，我 31 岁。愿未来的日子里，我既接受爱的滋润，也传递光与希望，照亮他人。

> 我们穷极一生追求的幸福,不在过去,不在将来,不在诗里,不在远方,而是在当下,掌握在自己的手里。

拥抱你,治愈我

■ 李雪

PDP 国际人力资源管理教练
斯坦福大学设计人生认证教练
DISC 沟通技术认证讲师、咨询顾问

我用全力去拥抱你

在深夜梳理完客户的咨询案例后,我不自觉地叹了口气。是的,中年女人的生活并非易事。除了生活的压力、家庭的责任、各种角色的拉扯,还有那种难以言喻的无奈,抑或知道问题所在却又无可奈何的沮丧。**相比于建议,她们更需要的是陪伴,她们需要被看见。她们不需要别人对她们貌似友好的建议,也不需要社会对她们的苛刻评判。**

身处这个时代的中年女性,似乎需要承载更多的期望与责任。她们是妻子、母亲、女儿、职场女性,她们要做优秀的妈妈、懂事的女儿、善解人意的伴侣,同时还要兼顾经济独立和内心的丰富。在做咨询顾问的这 10 年里,我听到了无数女性的故事,有的软弱沉沦,有的坚韧生长。她们在困境中挣扎,也在挫折中成长。我见证了她们从迷茫中觉醒,感受到了她们越来越强大的自我意识和自我关怀。当客户对我说:"这个世界上都是自顾不暇的人,能有人顾及我的情绪,实属难得,我很感动。"我说:"我愿为哪怕一点点的感动,继续坚持下去。"

斯坦福大学的人生设计课提到,真正的健康不仅是身体的健康,还包括心理的积极状态,以及精神层面的修行。一切基于信仰的、超越我们自身的精神活动,都可以被称为"精神修行"。属于"中女"的大运已经到来,"精神修行"也越来越被人们重视。**我们看到了越来越多优秀的女性,她们可以拥抱自我,自由生长,既温柔又强大。**

当然,在社会的诸多隐秘角落和不同环境中,我们不能忽视女性在成长过程中仍然面临着来自社会、文化、个人和家庭等多个层面的挑战。

性别不平等：也许在越来越健康的文化体系里，性别歧视的状况已经有了很大改善，但我们不可否认，在教育、就业和职业晋升等方面，女性还是会遭受很多不公，她们可能遭遇薪资不平等、职业限制以及被固化的传统角色标签束缚。

社会期望：社会对女性的期望常常限制了她们的外貌、行为和角色，这些期望对她们的自我认同和自由发展构成了限制。

家庭责任：女性通常承担更多的家庭责任，包括抚养子女、照顾长辈和承担家务。这可能对她们的职业发展和个人成长造成影响，限制她们的时间和资源。

自我认知和自信：女性有时会面临对自己能力的怀疑和对自信心的挑战。这可能源于社会负面评价、对完美主义的追求以及对自身能力的低估。

除此之外，还有**教育机会的不平等、刻板印象的困扰、安全问题及暴力的威胁**等。

我们看到的一些强大女性，何尝没有陷入过"生活以痛吻我，我却报之以歌"的状态。女性的价值、权益和潜力还需要社会逐渐认识和肯定，不再将自己局限在传统的角色和期望中，意识到自己有权利追求梦想和目标，并且值得获得平等对待和尊重，这是一个漫长而持续的过程。在这个过程中，我也希望能够用自己有限的能力去全力支持那些陷入困境、迷茫和苦恼中的朋友们。我愿意倾听她们的故事与心声，并给予我力所能及的帮助和支持。因为我深知作为一个中年女性所面对的种种压力和挑战，也理解那种渴望被理解、被关注的心情。我希望通过我的努力，能够传递一种关怀和支持，让每一位女性都能够感受到自己并不孤单，在这个世界上还有人与她们同行。

人间非净土,各有各的苦,但我的女孩们,我们穷极一生追求的幸福,不在过去,不在将来,不在诗里,不在远方,而是在当下,掌握在自己的手里。

你无声地治愈我

从小到大,我都被视为"别人家的孩子",同学、家长称赞的学习榜样,老师口里的优秀学生,爸妈、亲戚的骄傲。我一帆风顺地从高考到读研,再到进国企、大公司,我感谢自己的勇往直前和努力坚持,也感谢自己这一路顺遂中伴着年少轻狂。鲁迅曾说:"我以为别人尊重我,是因为我很优秀,后来才明白,别人尊重我,是因为别人很优秀。"一路走来,我未曾错过人生路上的任何一个坑,但只要认真生活,就能找到生活藏起来的"糖果"。这些好坏参半的经历,我都看作是生活在不同角落给我的"糖果"。

但可能是过了某个年龄,有很长一段时间,仿佛各种事情都在悄然地改变,并不是向好的方向。我变得心浮气躁,缺乏耐心倾听,对什么都提不起兴致,见谁都想批评,好像真的出了什么问题。

内心常常有两个声音在争执不休,一个声音催促我行动,一个声音却抗拒前行,哪一个才是真正的我?一路走来所拥有的一切,到底是为了满足别人的期望,还是我从小接受的教育观点影响的结果。这种矛盾,消耗着我的能量,我需要摆脱这两个声音,找到真正的自我。**不良情绪真的如同洪水猛兽,那些曾经的伤痛总会在我最脆弱的时候卷土重来,让我措手不及,深陷其中,难以自愈,持续沉沦。**

王小波曾言:"很不幸的是,任何一种负面的生活都能产生很多烂七八糟的细节,使它变得蛮有趣的。人就在这种有趣中沉沦下去,从根本上忘记了这种生活需要改进。"仿佛那时的我就是这样,所以我开始反思自己的价值观和人生目标,我意识到一直在追求的认可和赞扬让我忽视了自己内心的需求和真实感受。我开始自问:我真正追求的是什么?我对幸福的定义是什么?我想看到的那个真实的本我又是什么样的?这个专业不是我喜欢的,这份工作并未给我带来使命感,那份虚荣和骄傲也许并非我需要的。我试图辨别出自己的声音,虽然被外界的噪音干扰,我感到疲惫和沮丧,但正是在这些辗转反侧的日子里,我开始学会倾听自己,看见自己,并拥抱自己。我找到适合自己的节奏和道路,认可自己的价值观和期望,选择自己想要的生活方式和社交方式。

在为客户咨询的过程中,我都能找到自己的影子:那熟悉的焦虑,曾经一度崩溃的内心,那无奈的生活状态,总是在体谅他人、考虑他人,却忘了这都是在满足谁。

"感同身受"这个词很有趣,没有"身受",怎么可能会有"感同"?我以同理心陪伴和支持客户,同时也拥抱和治愈曾经的自己。

接纳自己是一个永恒的修炼话题。我允许生活里有很多个自我。这个我渴想归家,那个我渴想远行;这个我有热气腾腾的灵魂,那个我在追逐尘埃落定的人生;这个我一副笃定的样子,却在原地打转,那个我虽然患得患失,却坚持跌跌撞撞地前行;这个我是慢热的、孤僻的,那个我是急性子的性情中人。没错,这些都是我,它们共同组成了我生命里的每一帧。接纳自己,成就自己,这就是我。**不再与自己纠缠,不再内耗,不再给自己莫名的枷锁。当我累了,请允许我消失一阵;当我摔倒了,请允许我就在地上躺一会。然后,我还是那个快乐的、热气腾腾的自己。**

毕竟,彼得·潘告诉过我们,只有快乐和无忧无虑的人,才能飞向天空呀。

> 在这个充满变化和机遇的时代，我们的角色不仅是孩子的保护者，更是他们的启蒙者和伙伴。

在 AI 时代培养孩子的关键——家长，你的角色正在升级

■ 马颂华

有 20 年幼儿园一线教学和管理经验

心理学硕士

省级名师、全国金牌导师

《普通话水平测试专用教材》编委会成员

友者生存 4：为全世界加分

在 AI 时代背景下，学前教育正经历前所未有的变革。许多家长深感迷茫，不知道如何为孩子选择合适的学前教育路径，担心错过孩子发展的黄金时期。加之 AI 和自动化技术的兴起，使得我们不再能准确预测孩子长大后将面临怎样的职业环境。作为一名深耕学前教育 28 年的幼教工作者，我想告诉家长们，适应 AI 时代的发展是大势所趋。今天，我将带领大家深入了解孩子在 7 岁之前，家庭教育的重要性，并提供实用的方法和建议。我希望借助我 28 年的专业经验，启发每一位家长，让他们真正成为孩子人生道路上的坚实起点，而我愿意作为一座桥梁，引领孩子们走向充满无限可能的世界！

幼儿阶段教育的重要性：塑造孩子的未来

我们首先探讨的话题是家庭教育的重要性。

讲一个关于竹子的故事。竹子在最初的四年里仅长了 3 厘米，从第五年开始，它以每天 30 厘米的速度疯狂生长，在短短 6 周内就能达到 15 米之高。这一奇迹背后的秘密在于，在前四年里，竹子在土壤里扎下了坚实的根基，为后来的成长积蓄了力量。这正是所谓的"竹子定律"。教育亦是如此。孩子在 7 岁之前的成长就像种子扎根的过程。虽然这个阶段，表面上看不到显著的生长，但孩子的生命实际上正在经历着深刻的变化。每个孩子都是一粒种子，家庭教育就是孩子成长过程中不可或缺的土壤、阳光、雨露……因此，幼儿阶段的教育就是"根的教育"，这个时期的所有经历构成了孩子生命的人生底色。

曾经，我班上有个叫尧尧的孩子，他四岁的时候就展现出非凡的认知能力和动手能力。我非常好奇，就开始与他的家长交流，后来发现他的爸爸特别注重早期教育，并在家里专门为孩子设置了一个创意角，创意角里摆放着各种各样的绘画材料和乐器。爸爸每天都会在这个创意角与孩子一起创作，创作的内容全部来自孩子的兴趣点。这种高质量的亲子陪伴，不仅激发了孩子的创造力，还锻炼了孩子的想象力和动手能力，亲子关系当然十分融洽。此外，他们还坚持每天晚上的亲子阅读和周末的户外实践与郊游。在这种家庭环境中长大的孩子，一定会在团队里脱颖而出。

即使在忙碌的生活节奏中，聪明的家长仍能找到高效的方法来支持孩子的全面发展。尧尧家中这些日常的亲子互动，使得尧尧在 7 岁之前就打下了坚实的学习和社交基础。这不仅为他未来的成功奠定了基石，也为所有家长提供了一个强有力的示范。**即便在 AI 时代，家长的角色依然不可替代，家长对孩子早期发展的影响依然深远且重大。**

AI 时代的教育挑战

在这个迅速变化的时代，信息技术的飞速发展带来了许多挑战和痛点，信息爆炸现象导致孩子们经常面临信息过载。在这样的环境下，保持专注和筛选有价值的信息变得越来越难。此外，AI 时代的社会环境多元化，也带来了人际交往的变化。**传统的社交正在被线上交流所替代，我们需要引导孩子们在数字化世界中培养良好的人际交往能力。**

为应对这些挑战，家长和教育者首先要教授孩子如何在海量信息中评估信息的真实性与价值；其次，培养孩子的适应能力和终身学习的习惯；最后，注重情感和社交技能的教育，确保孩子们在数字化社会中能够进行有效的人际沟通。

家庭教育的角色升级

在这个由技术主导的新时代，家长的角色不仅是孩子的抚养者，更是他们在这个复杂世界中的向导和榜样，让我们深入探索家长这一角色的转变。

成为孩子的榜样

在我的记忆中，我的爸爸每天坚持跑步和做早操。即使下雨，他也会穿上雨鞋、打着雨伞，在我们自家的院子里来来回回地跑上一个小时，365 天从不间断。耳濡目染，我也养成了晨跑的习惯。记得在幼师学习期间，我常常在同学们还在梦乡时，独自环跑操场，班主任牛亚东偶然发现后，他评价我："马颂华是我们班最热爱生活的同学……"这个习惯后来又极大地影响了我的孩子和家人，这就是父母榜样的力量和传承的意义。

同理，如果父母回到家就手机不离手，却期望孩子培养阅读的习惯，大家觉得可能吗？当孩子面对爸爸妈妈之间的分歧时，看到的是争吵和摔打，这是开放的沟通吗？我们的行为模式将成为孩子未来的模板。

诸多案例充分证明，父母是孩子人生旅程中的第一任老师，也是他们学习道路中永恒的灯塔。无论是厨房里精心准备的健康早餐，还是客厅里亲子共读的温馨时光；无论是处理工作问题时父母展现的冷静智慧，还是对待生活琐事时的耐心细致，这一切都在孩子的心中种下了学习的种子。教育就是这样一个播种的过程。这种力量和影响是任何教科书都无法传授的宝贵财富。

培养适应变化的能力

科技的进步、经济的全球化和社会的动态变化，让未来的生活充满很多不确定性，适应能力和创新思维成为孩子成功的关键。我们可以通过日常生活中的小挑战，如解决家庭问题、处理同伴关系、参与户外活动等，来培养孩子的这些能力。

人际交往的能力

我们的生活场景越来越多地被虚拟空间替代，有效的人际交往技能在数字时代变得更加重要。家长应该创造机会，锻炼孩子的人际交往能力，如家庭聚会、同学郊游、慈善帮扶、户外运动和实践等，帮助他们掌握良好的社交技能，让孩子在实践中学习如何与人互动和沟通。

成为情感的港湾

虽然 AI 技术在信息处理和技能教育方面的使用日益增加，但它无法提供真正的情感支持和理解。随着孩子们越来越多地接触和使用技术，他们可能更依赖屏幕，社交技能也可能不足。**这时候，家长必须成为孩子的"情感港湾"，帮助孩子们平衡数字生活和现实生活**。家长的角色在于为孩子提供一个充满爱和安全感的环境，通过倾听和理解，培养他们的情感、智力，帮助他们健康成长。

在家庭中实施 AI 时代的教育规划

在 AI 时代，教育不再局限于在学校的教室里进行，家庭成了孩子学习和成长的重要场所。家长想让孩子变得更好，最有效的方法就是努力提升自己，这样才能实现"一鱼两吃"。也就是说，当家长通过努力成长后，会发现孩子也在不知不觉中变好了。这就是大自然的奖励。当然也会有家长说，他们已经无法改变自己的生活，也跟不上时代的发展，现在关注孩子的成长，只希望孩子将来比自己更好。这种想法是错误的！这样的结果就是孩子和家长都无法变好，所以，在AI时代，我们必须在家庭中实施教育革新。以下是一些实操性强的家庭教育策略，可以帮助家长们在家中有效地实现教育革新。

设立科技探索角落

在家中设立一个科技探索角落，配备简单的科技玩具和学习工具，如放大镜、望远镜、万花筒、天平、沉浮玩具、科学实验套件等，鼓励孩子在玩乐中学习科技知识。定期更换这些工具，以保持孩子的兴趣和探索欲。

设立家庭科技主题日

设定一个每周或每月的家庭科技主题日。在这一天，全家一起参加与科技相关的活动，如编程小游戏、科学实验，甚至参观科技博物馆，以增强孩子对科学和技术的兴趣。当然，也可以组织一些其他类型的家庭主题活动，如烹饪、讲故事、唱歌等。

日常生活中的科技应用

教授孩子如何在日常生活中运用科技，例如使用智能家居设备，学习基本的编程技能来控制简单的机器人或应用。让孩子参与家庭科技决策过程，如选择新电器或学习使用家庭软件系统。

利用线上学习资源

利用网络资源，如教育网站、在线课程和互动学习应用，为孩子提供多样化的学习体验。定期与孩子一起评估这些资源的效果，鼓励他们自主学习和探索。

亲子共读科技书籍

选择一些适合孩子年龄段的科学和技术主题图书，定期进行亲子共读。通过讨论书籍内容，鼓励孩子提出问题和发表自己的见解，以增强他们的理解和思考能力。

AI 时代孩子成功的关键要素

在 AI 时代的浪潮冲击下，虽然人工智能在众多领域展现了惊人的能力和潜力，但人类独特的能力仍然占据不可替代的重要地位。例如，人类的情感智力、伦理道德判断、深层人际交往和解决复杂问题的能力等，这些构成了我们与机器本质上的区别。因此，我们应该更加重视培养和发展这些人工智能无法复制的能力，让人类智慧和机器智能相得益彰，共同开创更加美好的未来。

培养同理心和尊重他人

同理心是社交技能的重要组成部分。家长可以通过讲述故事或分享自己的经历，让孩子学会理解和尊重他人的感受。

健康的生活习惯

在快速发展的 AI 时代，培养孩子健康的生活习惯是确保他们身

友者生存 4：为全世界加分

心健康和全面发展的关键。以下是一些帮助孩子们建立良好生活习惯的实用策略。

（1）重视体育活动；

（2）培养健康的饮食习惯；

（3）限制屏幕使用时间，鼓励户外活动。

在数字化时代，限制孩子的屏幕使用时间尤为重要。家长可以通过安排更多的户外活动和家庭游戏，减少孩子对电子设备的依赖。

家长朋友们，我们一起走过了关于如何在 AI 时代为孩子制定有效教育规划的探索之旅。从把握孩子成长的关键时期到成为孩子们的学习榜样，再到面对未来挑战的家庭教育规划，家长的每一次努力都至关重要。

在这个充满变化和机遇的时代，我们的角色不仅是孩子的保护者，更是他们的启蒙者和伙伴。让我们一起努力，为他们提供一个健康的成长环境。**在 AI 时代的每一次挑战中，都蕴藏着孩子成长和学习的机会**。让我们一起助力孩子，在这个不断变化的世界中自信地飞翔。

> 生命这场游戏比较有意思的是，你只能设计怎么开局，却无法预知结局，事物的发展是螺旋式上升的。

用美好的事物治愈自己，迎接生命的挑战

■ 裴欢（Stella）

上海爵兴咨询创始人
跨国房地产公司华中区负责人
因私出入境服务咨询专家

友者生存 4：为全世界加分

我过去最大的挑战是在五年前，那时，我已经在一家咨询公司担任顾问三年，但是做得不太开心，所以在五月份，我选择了裸辞。那时的我正处于多愁善感的年纪，当时整个人情绪很低落，对人生和职业都没有规划，也没有多少积蓄，但我还是订了昂贵的酒店，前往三亚，目的是治愈心灵的创伤。原本我以为这会是一个无比哀伤、漫无目的的假期，但当我办理了入住手续后，推窗见海，阳光洒满了大半个房间，映入眼帘的是我喜欢的布置，我感到莫名的兴奋，心底的阴霾一扫而光，**原来美好的事物就可以治愈我呀**！那一刻，我意识到，何必沉溺于抑郁和哀伤，我需要努力挣钱，去拥有一切我喜欢的事物。

在这次短暂的假期中，我有了一个小目标，并立马行动了起来。当我回上海时，我的职业方向已经明确了，还谈好了入职事宜。但只过了一个月，一位在领事馆工作的外籍朋友告诉我，他的朋友正在寻找一位负责人，他认为我很合适。我想了想，即将入职的公司已经在上海铺开了市场，我的收入大概率会很稳定，但不会太高，而朋友推荐的公司在国内市场还没有进行开拓，尽管我对该领域完全没有经验，但我是有机会的，我想了解看看。经过 15 分钟的线上面试，我与那位老板相谈甚欢，再加上薪资待遇还算不错，所以我果断做出了决定，准备加入这家公司。然而，真正的挑战才刚刚开始。

我一个人租了办公场地，游说之前的同事、朋友、朋友的老公一起加入，从 C 端客户转向 B 端市场，我对行业现状一无所知，似乎并没有想过结果，毕竟当时我也没什么好失去的。但我内心也很清楚，要在公司立足，首先要有业绩。在我加入公司的第一个月，甚至公司还没有办公场地的情况下，我已经成功出单了。多亏好姐妹的鼎力支持，当我准备向她详细介绍项目和公司时，她直接打断我，表示将无条件支持我,不需要讲这么多。在跟老板沟通工作的过程中,我了解到了他的一个心病:一家国内大型公司,尽管我们公司派人谈了好几轮,但是一直没有和它建立合作关系。我之前都没有听说过这家公司,因为我对行业情况一点都不了解,但我暗暗记住了这家公司,我认为这是我向老板"亮剑"的机会。我开始四处打听这家公司负责人的信息,利用一切可能的直接或间接的关系,通过聚餐等方式收集信息。有一天,我在电梯偶遇一个同行朋友,在约着一起吃饭的过程中,她提及自己与该负责人很熟悉,并主动提出帮忙联系。不久,我成功与这家公司建立了合作关系,而这家公司也成为我接下来几年三分之一业绩的来源。同时,我还谈下了几家大型公司。拿下一个大目标其实非常有意思,我在没有这家公司任何信息的情况下,一步步获取关键信息,直接由老板的朋友 Micheal(米歇尔)介绍,联系对方。有了大公司作为背书,我迅速打开了局面,这个过程充满了挑战,也非常有趣。

我一直相信我的运气非常好,仿佛当时我所认识的每一个人都愿意帮我。现在回过头来总结,我认为有几点非常重要。

第一,目标感和执行力是成功的关键。当你拼命想要完成一件事情时,你会立刻采取行动,遇到问题就解决问题,缺资金就筹集资金,缺人才就招募人才,缺乏技能就去学习,直至找到解决方案。这种坚定的信念会带来无穷的力量。取得成果的人比别人有优势的地方就在于他们的执行力很强,想是没有用的,所有的焦虑都是因为懒,担惊受怕、患得患失,这些都是自我内耗,毫无意义。立即行动起来,将对未来的担忧转化为具体的行动计划。如果失败,那就不断调整方向,直至成功。

第二,人品和人脉是成功的杠杆。如果不是那位外国朋友对我的能力表示认可,他也不会将我推荐给那位老板。如果我没有在平常不求回报地付出,维护朋友和合作伙伴的利益,我大概也没有那么好的运气,有那么多人愿意顺手帮我。我记得在咨询公司举办活动时,尽管我是一名咨询顾问,但主持人、翻译、接待领事馆人员等工作最终都落在了我的肩上。当时公司那些比我实力强、拥有四大行工作经验的同事并不愿意承担这些,他们不想做超出职责范围的工作,除非公司额外付费。但正是这些经历让我获得了资源和人脉,也锻炼了我的公众演讲等职场必备技能。我虽然是个自由散漫、爱睡懒觉的人,但我非常看重承诺,约定好的见面,我从来不会迟到,答应的事情,我肯定会办到。

虽然世人常说金钱是万能的,但我们应当珍视自己的名誉,远离那些赌徒、酒鬼、色鬼、瘾君子等负面人物。主动夸赞别人,这并非出于功利心,期望即刻获得某种回报或增加收入,而是因为它是撬动未来人生的重要杠杆。遵守承诺,让他人感受到你的可靠与诚信;不拖欠任何人,会让你的内心更加宁静和坦荡。这样的行为习惯将引领你越来越喜欢和认可自己,形成一个正向的内外循环。

生命这场游戏比较有意思的是,你只能设计怎么开局,却无法预知结局,事物的发展是螺旋式上升的。随着团队的壮大,新的问题也会接踵而来。首先是团队管理,后台和业务部门之间的矛盾像一场无尽的打怪升级。我以为我仅仅负责一个销售部门,后来才发现我这也等同于创业了。没有人为你提供培训,没有现成的规章制度,就连考勤和报销制度都是我来编写的。我一直想要理清楚各种对内对外的文件、流程和标准,但完美的东西是不存在的。完美主义其实就是个陷阱,我从创建团队的第一天起就想理清一切,总感觉非得做到清清楚楚才能心安,但事实是五年过去了,我越来越难以做到,很多事情和细节反而是我的下属比我更为了解，但这也并没有耽误什么，我们没法做到完美，但我们可以变得更加优秀。

在团队管理的过程中，我走了很多弯路。我想警醒那些管理者，特别是缺乏管理经验或者是从业务岗位转到管理岗位的人：在一个团队里，无论成员间的关系是同事、同学还是亲属，掌舵者要扮演好自己的角色，展现出领导力和威严感，千万不要觉得抹不开情面而唯唯诺诺，给人一种过于随和、缺乏决断的印象。**你需要在保证效率的基础上，建立一个公平和稳定的秩序，有自己的原则，不要做和事佬，不要胆怯，你的内核一定要稳。**

学习非常重要，我特别喜欢与身边那些我认为很优秀的人交流。曾经，我给自己设定的目标是每周与一个比我优秀的人约谈。这些会面经常不带任何目的，只是共进餐食、喝杯咖啡、随意交谈，但这种方法真的非常有效，尤其是遇到特别大的问题和压力时，经常会让我茅塞顿开，问题也迎刃而解。后来，看的书多了，我才明白，自己跟这些人学习了宝贵的思维模式和行为模式。

现代人的幸运之处在于，对于几乎任何事情，都可以找到相关的书籍来阅读。你所遇到的困难，你的前辈们早就经历过了，并将经验凝结成了理论和方法。无论是销售、公司管理、家庭经营，还是开设淘宝店、成为网红，都有大量的图书和案例可以参考。当你从有章可循过渡到面对不确定性，从有序步入无序，从黑白分明的世界进入灰度地带，从理性思考转向需要借助直觉和信仰，相信我，这个时候的你已经不再普通。

后来遭遇了疫情，这是一场生死存亡的挑战，从事海外交易的我们受影响更加明显。总部当时被迫无奈地做出决策：取缔所有销售岗位的底薪，虽然佣金提高了，但这导致我当时的销售团队全员离职。

友者生存 4：为全世界加分

在公司待遇发生变化之际，我正试图挖一个我极为看好的 A 级销售人才。我手里的唯一筹码就是高提成、无底薪的待遇，我知道这并不具有吸引力，所以思考再三，我给了他两个选择：高提成、无底薪或者高底薪、低提成。如果他选择第二个，那么只能我来掏钱。通过这种方式，我成功吸引他加入，又如法炮制，挖到了另一个顶尖销售。在 B 端市场的运营中，我当时的业绩太依赖甲方了。随着疫情暴发，所有的客户都陷入了困境，尤其是大公司，它们在变革和调整上尤为困难。之前百分之九十以上的成交都是客户实地考察后完成的，一线销售们只需要说服客户支付少量的考察费就行。我们的团队分析了这一变化，引导合作方们在不进行考察的情况下直接成交，这就意味着客单价从数万元激增至数百万元。事实证明我们的策略是成功的，我的业绩比疫情前翻了一番。

在新办公室搬迁庆祝的当天早晨，我的老板给我打电话，他说我是一个很成功的分公司负责人，对我的付出表达了感谢。回顾这些年的经历，随着读的书越来越多，身边的故事也日益丰富，我发现在大多数情况下，成功之路虽各有不同，但都离不开一定的认知。我相信未来我会遇到更大的挑战，但我已经有了自己的方法，懂得怎样去运作和操盘。

我一直追求美好的事物，坚信美也是创造力。我不主张奢华，也不赞成浪费，虽然这一点我自己做得并不好，还有很大的提升空间。在追求和鉴赏优质物品方面，我有自己独特的看法，而且很坚持己见。美食、美酒、整洁的居所、纯净的内心以及有品质的简约生活，这些都是我喜欢的。真正的美并不是肤浅的，它源于大量的阅读和思考，是自律和自我克制的体现，是日积月累的力量。

记得有一次，我与一位英国投资公司的老板同台介绍产品。我前面一个俄罗斯女孩上台时，紧张到声音发抖，双腿都在哆嗦，现场气氛一下子变得凝重起来。而下一个就是我上台，我告诉他，我也很紧张，他安慰我道："No one is ready, everyone is pretending."（没人准备得十全十美，每个人都在假装镇定。）后来见了很多牛人，我越发觉得这句话很有道理。没有人是完美的，我们都会犹豫、会紧张，要相信自己一定具备解决问题的能力。通过思考、休息和运动，认真对待平日的每一餐、每一次锻炼，有意识地培养独立思考的能力。实在觉得困难，就去看看大海吧，让心灵得到释放。

> 人生的道路在我心中铺展,我选择微笑面对,排除万难。

友者生存4:为全世界加分

活出无愧于自己的人生

■ 裴雅格

热情开朗、热爱生活
运动爱好者
时间管理践行者

活出无愧于自己的人生

我来自陕西北部的一个小县城,家乡虽说不上风景如画,但也不是穷乡僻壤。我很爱我的家乡,因为我生长在那里。我们这里是典型的干旱地区,四面环山,每座山都有独特的风貌和姿态:有的像中世纪的城堡;有的像摩天大楼;有的尖尖如竹笋,在雾中时隐时现,仿佛在与你玩捉迷藏。

我是一个地道的农村女孩,在农村,我们都是面朝黄土背朝天。16岁之前,我没有去过县城,心里一直想啥时候能去县城看看,那是我当时最想去的地方。有一次,我和同学偷偷地溜进县城玩耍,家里人都不知道。我当时既激动,又害怕被家里人发现后责骂,但最终还是偷偷去了。县城里的四层楼房让我开了眼界。虽然没有钱,但我逛得特别开心。同学带我去照相馆拍了人生中的第一张艺术照,化妆师夸我五官精致,化妆后的我美得让自己都感到惊讶。白皙的皮肤、大大的眼睛让我对镜中的自己十分着迷,照了几张相后都不舍得把妆容洗掉,走在路上,引来无数目光,让我觉得不好意思。那时候,我就在想以后一定要在小县城居住。

如今,我已经结婚,生活在心心念念的县城,生了两个可爱的宝宝。我的丈夫是一个普通的职员,我们的生活比较安逸。我们住的地方是县城的中心,条件还不错。这里有很多景点,比如四大名山——露普山、柏全山、娘娘庙山和目连山,有各种各样的小吃,比如香气四溢的黄米稀饭、层次丰富的果馅饼。《爸爸去哪儿》有一期节目就是在我们这里拍的,嘉宾们品尝了果馅饼,对其赞不绝口。我们这里还有著名的黄芪。它是一种药材,从黄土地里刨出来,经过加工后销往全国各地。黄芪可以泡水喝,具有多种功效。

最难忘的事

　　2017年,我生了二胎。就在二宝五个多月大时,7月26日晚上,下了一场罕见的暴雨。当许多人还在睡梦中时,洪水淹没了整个县城。各级领导带领勇敢的士兵们敲响一家家老百姓的房门,紧急疏散老百姓到安全的地方去。洪水肆虐,我很害怕,洪水淹没了车子、房子,有两个孩子站在即将坍塌的屋顶上躲避洪水,男孩子幸运地抓住了大树,女孩子遭遇了不幸。晚上,洪水不仅切断了电力和水源,还淹没了无数的庄稼、牲畜。尽管如此,只要人没事,平安健康,所有的一切都会好的。由于洪水阻断了道路,老百姓们被消防战士一个一个转移到安全的地方。天终于亮了,一方有难,八方支援,全国各地送来了救灾物资,县城好多饭店都为消防战士和老百姓们提供免费餐食,人间有爱。在那次灾难中,所有人团结一致,拧成一股绳,让小县城逐渐恢复了往日的面貌。还有这几年的疫情,我虽身处小县城,医疗条件有限,但我积极参加志愿者活动,贡献自己的力量。我们每天排查,及时发现有疑似症状的居民并联系医院。不久后,随着全国疫情防控政策的调整,我们不再需要每天排查。我相信只要人人都献出一点爱,世界会变得更美好。在中国,无论哪一片土地,只要遇到困难,全国上下将全力救援。这是一种灾难中的坚强!何其有幸,生在华夏。

　　我前往上海看望我亲爱的姐姐。尽管姐姐每天工作特别辛苦,但她每天坚持跑步。我心里想,跑步有这么好吗?姐姐回答,你试试就知道了。从上海回来之后,我也开始了跑步。从最初的三公里、五公里,逐渐挑战十公里,甚至半程马拉松。就这样,我每天早早起床去

跑步，发现操场上有好多人都在锻炼身体。在跑步的过程中，我也结识了许多跑步的朋友。慢慢地，我爱上了跑步，每次跑完都很精神。

在一个阳光明媚、万里无云的星期六上午，我参加了一场激动人心的马拉松比赛。赛场上，一面面彩旗迎风飘扬，像一群美丽的花蝴蝶，身着奇装异服的人们为赛场增添了一道亮丽的风景线。赛场内，人头攒动，此情此景，让人心潮澎湃。随着发令枪响，跑全程的马拉松运动员们像离弦的箭一样"飞"了出去。过了几分钟后，跑半程的人也开始出发了，就像一条五彩龙在蜿蜒盘旋。

途中，我看到了一位独臂的年轻人，他挥舞着国旗，勇敢地向前奔跑，毫不在意别人的眼光。场上的志愿者很多，让我印象深刻的是中学生志愿者，他们为每一位马拉松选手加油鼓劲，让大家充满了力量。快到终点了，我的两个宝贝在等我，为我加油。我停下脚步，和孩子们拍了一张合影。我想要为孩子们树立榜样，让他们明白坚持的重要性。最终，我跑到了终点，工作人员为我戴上了奖牌。两个孩子说："妈妈，你太厉害了！"我告诉他们，无论做什么，一定要坚持到底，不要轻易放弃。

我人生的第一次马拉松是在鄂尔多斯完成的，尽管紧张，但更多的是兴奋。我告诉自己，不仅要为孩子们树立榜样，还要拿到参赛奖牌。就这样，我一路奔跑，不断为自己加油，最终以 5 小时 15 分钟的成绩完成比赛。虽然成绩不是很出色，但我对自己的坚持感到满意。一路上，我看到好多跑步的小伙伴都放弃了，我庆幸自己没有放弃，正如面对生活中的许多事情一样，我们不能轻易放弃。**人生就像马拉松，获胜的关键不在于瞬间的爆发，而在于途中的坚持。即使你有千百个理由放弃，也要给自己一个坚持下去的理由。只要坚持下去，属于你的风景终会出现。**是的，在这条道路上，我们还有很多风景待发现。即使我们跌倒了,也要勇敢地站起来,继续奔跑。人生的道路在我心中铺展,我选择微笑面对,排除万难。

在这场人生的马拉松中,我要扮演一个什么样的角色呢?在这个小县城,只要勤奋学习、诚恳踏实、积极向上,生活都不会太差。我是一名医保办的工作人员,虽然工资不高,但是我很喜欢这份工作,和同事们相处得无比融洽。每天上班,我都会面带微笑,为每一位来办事的人提供热情的服务,尤其是对那些不懂手机如何操作的老人,我会耐心地解释缴费流程。我们的宗旨就是为人民服务。人的一生如此短暂,时间转瞬即逝。我认为我们要树立正确的人生观,热爱生活,认真对待每一天,用自己的劳动为自己谋求幸福,为社会贡献力量,这样的人生才是对得起自己的。

我决心减重,以达到自己理想的体重,让自己体态轻盈、自信满满。在照顾好两个孩子的同时,我也不忘兼顾事业。除了做好自己的本职工作,我还想通过学习制作短视频,将我们小县城的特产推广到全国各地,让更多的人了解并品尝到我家乡的特产。我希望为父母和孩子提供更好的生活条件,让父母安享晚年,让孩子接受更好的教育。因此,我更要努力工作。

我要打破安逸的现状,创造更加美好的生活。不论做什么事情,我都不会轻言放弃。同时,我会保持善良,怀揣一颗感恩的心。

只需一念之转,天不昏地不暗,
世界很宽,让我们携手向前。

旅行看世界

■ 纾玟

DRUID 定制珠宝主理人

心理疗愈师

绘本作家

友者生存 4：为全世界加分

"人生有很多个十年，但如果刚好是 18 岁到 28 岁，那就是一辈子了！"

——《再见！不联络》

一本护照的有效期是 10 年，在过去的 10 年里，我去过西欧、北欧、东欧、南欧、北非、南亚、东亚、北美、南美，最远去过南北极，总共游览了 33 个国家。有些地方去过不止一次，尽管并没有在每个地方停留很久，但是在有限的时间里，我努力地像当地人一样去感受他们的生活，非常用心地感受着眼前引发我好奇的人、事、物。那些独特的颜色、气味、食物、音乐、声音、温度、语言、美学以及人们的面孔，至今仍历历在目。我扮演过如下角色：

19 天的西班牙艺术狂热爱好者

7 天的摩洛哥伊斯兰教徒

9 天的泰国贵妇

15 天满眼只有蓝色的希腊人

14 天的现代荷兰人

12 天的迪拜富婆

21 天的南极圣地修行者

5 天的同性阿根廷探秘者

1 天的梵蒂冈朝圣者

27 天的德国陪读生

4 天的浪漫优雅法国小女人

7 天的瑞士巴塞尔（世界顶级万表展/艺术展）观者和疯狂赌徒

3 天的奥地利音乐鉴赏家

5 天的匈牙利野蛮人

6 天爱上瓷砖的葡萄牙人

638 天的既悠闲又奋进的意大利人……

我出版了我的第一本书。我很感激曾经那个想要远走世界的自己，**感谢自己的勇气和力量，感谢自己的健康，感谢那个时候的自己像个孩子一样，对世界充满好奇心，而非野心和目标**。而这些经历，会成为滋养我一生的宝藏。

出国留学专攻奢侈品设计，想看极致的美

在研究生阶段，我决定申请出国攻读奢侈品设计与管理硕士，纯粹是出于对那些杂志上昂贵商品和极致手工艺的好奇，还有对美的事物的追求。奢侈品爱好者一定知道历峰集团（Richmont），这个奢侈品帝国拥有诸如卡地亚（Cartier）、梵克雅宝（Van Cleef & Arpels）、伯爵（Piaget）等著名珠宝品牌，以及江诗丹顿（Vacheron Constantin）、万国（IWC）、沛纳海（Panerai）等奢华腕表品牌。每年历峰集团会在全球范围内招募设计师，专攻奢华珠宝、腕表和时尚配饰的设计，为集团旗下各品牌培养年轻的创意人才。集团选拔标准非常高，每年只在全球招募 20 个人，年龄要求在 28 岁以下。我很幸运地拿到了录用通知书，获得了应用艺术及工艺基金会（Fondazione delle Arti e dei Mestieri）提供的奖学金，顺利完成了奢侈品设计与管理硕士课程。后来，我有幸在集团为梵克雅宝、万宝龙、沛纳海等品牌提供服务，为亚太区限量版做设计创意。

奢侈品的独特之处在于其稀缺性以及对美感和工艺的极致追求。这份工作经历让我有幸跟随行业内的著名设计师和奢侈品行业的杰出人物学习，参观顶尖藏家展览 SIHH（日内瓦高档钟表国际沙龙）和 GPHG（日内瓦高级钟表大赏）世界巡演，参与 ESSEC 奢侈品品牌

管理研讨会等，目睹了大量顶尖作品的诞生，并亲身感受了奢侈品行业的运营规则。

我的设计作品多次参加米兰设计展，其中"UNDER THE SEA"被意大利当地杂志《Mestieri d'Arte》和《CORRIERE DELLA SERA》刊登。

因为对珠宝的热爱，我继续在美国宝石学院（GIA）完成了专业进修，成为一名专业宝石学家，开始了自己创作的道路。

我始终认为宝石是宇宙的舍利子，是坠入凡间的护身符，像仙女的仙女棒一样，给你提供源源不绝的能量加持。万物之间皆是链接与能量的流动，珠宝不仅仅体现了美好的守护与代际传承，更是佩戴者与自己关系的体现，流动着爱与美的滋养力量。

一生很短，日子本该浪漫。 灵性与情感始终贯穿于我创作的全过程，我喜欢以充满生命力的自然生灵为主题，用色彩鲜艳的用色和现代主义的元素诠释，但最终呈现的效果却总带有一种东方韵味的优雅意境之美。每一件作品都展现了精湛的设计与工艺，都将与拥有者产生共鸣，为每位佩戴者带来力量与希望。我深入挖掘顾客的真实需求和情感偏好，将珠宝、设计、工艺和情感巧妙地融合在一起，演绎出背后的动人故事，使佩戴者的心灵产生共鸣。美是人类共通的语言，我会继续用珠宝为载体，呈现微观的图腾艺术，让美成为永恒的主题。

人生的困惑，重生的钥匙

由于小时候的经历，我身体中积压了许多未满足的需求和未整合的创伤与情绪，这导致了一系列身体不适。虽然感觉不舒服，但医院检查也无法找到具体的问题,一些误诊导致错误的药物治疗,让我陷入了副作用的困扰,内心像是陷入了巨大的黑洞。

在上海历峰双子别墅三楼 kee club 私人会所里,一位 500 强企业高管女士分享了她的人生故事,她说:"从此,我爱上了我的悲哀。"这句话深深触动了我,也启发了我对心理学的深入思考和学习。那些曾经不可触碰的伤痛变成了滋养的力量,这是一种非常了不起的能力。我开始拜访各类名师,参与大量课程,与内在的自己进行对话。

现代舞大师玛莎·葛兰姆说过:"如果你觉得你比别人好,你是错的;如果你觉得你比别人差,你也是错的。你唯一需要去做的就是聆听自己的声音,跳自己的舞蹈。"**成为自己,链接自己,才能更好地链接别人、链接这个世界,激发源源不断的创造力,活出充沛、丰盈且独特的生命。**

人生并非一帆风顺,我羡慕那些真正活出自我的人,无论他们选择何种生活方式,他们都按照自己的心意而活,这种坚持足以打动我。我以前很容易纠结内耗,是因为我拒绝接受完整的自己。完整的自我,既包含光明也包含阴暗,接受一面就必须接受另一面。经过漫长的时光,我渐渐认识到,我既是荣耀也是悲哀,既是勇敢也是懦弱,我既有优点也有不堪,既自信又自卑,我是一个矛盾而完整的存在,这些对立面的关系远比表面看起来更为复杂。

正如知名演员杨幂在综艺节目《奇葩说》第七季说过的一句话:"极度的坦诚就是无坚不摧,也因为我很坦诚,所以很多事物无法击垮我。"这份坦诚尤其体现在对待自己上,在纷扰嘈杂的世界里面把自己找回来,安住当下,随时随地安顿好自己的心灵,这是一个必备的技能;学会与自己建立联系,安抚自己,是一种增值技能;而让自己快乐幸福,则是至高无上的技能。

勇于面对自己的伤痛，越开放，越感到安全；越开放，情感越流动，越开放，成长越迅速。去做创造者而不是受害者。这段寻找自我的旅程虽然充满艰辛，但也是一次英雄之旅。无数位老师的智慧和经验一直支持着我，我希望将这份经历分享给大家。

渴望通过作品与这个世界进行深刻的对话

接下来，我将陆续推出包括身体疗愈关系、金钱与财富的关系、人际交往和亲密关系等在内的一系列书籍和疗愈课程，期待与大家进行更深层次的交流。无论是书籍的问世，珠宝配饰品牌的创意呈现，又或是身心疗愈课程的推出，我都渴望通过这些作品与世界建立更深层次的联系。愿我们能够共鸣，希望曾走过弯路的宝贝们明白，只需一念之转，天不昏地不暗，世界很宽，让我们携手向前。

利用先进的 AI 技术和工具，将学习融入孩子的日常生活，并通过富有趣味性的方式持续练习，将是提高他们英语词汇量和整体水平的有效途径。

AI 时代，让孩子轻松掌握 3000 个词汇的奥秘

■ 睡莲

AI 英语项目联合创始人

新东方合作原版阅读项目联合创始人

原版英语平台爸妈网联合创始人

在这个由 AI 技术搭建的文化与技术桥梁的世界里,英语成了一门关键语言,它是开启孩子们未来成功之门的关键技能。

作为负责过数个少儿英语学习项目的人,对家长的困惑屡见不鲜:尽管孩子上了多年的英语课程,但进步并不显著,难以理解原版英文故事或动画,与外教交流困难,发音不标准,考试中经常丢分。这些问题大多源于词汇量的匮乏。

是否有一种更高效的方法来帮助孩子记忆单词呢?在过去的十年里,我通过项目培养了很多英语能力出众的孩子。他们从英语零基础开始,在小学毕业前,大多数孩子至少能达到剑桥 PET 水平,掌握超过 3000 个英语单词,词汇量媲美高中生水平。

这一成功的秘诀归结为八字箴言:"**听力先行,阅读跟进**。"而在 AI 技术的加持下,例如以"文心一言"为代表的大语言模型,以"Midjourney"为代表的 AI 图像生成平台,以及以"微软"为代表的智能中英双语支持,都为这一学习过程增添了强大的助力。

通过整合多方面的 AI 技术,我们为孩子创造了一个生动且多元化的学习体验。"**听力先行,阅读跟进,AI 助力,多元学习**"——这是让每个孩子在小学阶段轻松掌握 3000 个基础词汇的有效途径,也是普通家长能为孩子提供的高效英语学习方法。

听力先行,阅读跟进,掌握基础词汇的策略

在英语学习的初级阶段,听力先行非常重要。这符合儿童学习母语的天然规律。以中文为例,中国孩子在学龄前就能听懂《西游记》等经典故事;同理,美国孩子在幼儿园毕业时的平均听说词汇量就已

经超过 5000 个单词。**听力是开启词汇学习和提升英语能力的关键。**

对于初学英语的孩子来说，听力学习是最高效的。观看 30 分钟的英语动画或是听 30 分钟的故事，孩子能够记忆一系列生动有趣的词汇和句子，这是其他英语学习方式无法比拟的。

另外，单词的记忆依托于听力和发音。孩子们通过听力训练，可以轻松掌握各种发音规则，例如"－ight"这一组合在"night""flight"和"bright"中呈现出一致发音。掌握几十种发音规则可以快速记忆几千个单词，从而使得整个学习过程从听力到口语再到写作变得更加高效和流畅。

"听力先行"的方法让孩子们首先通过听觉捕捉单词的声音，然后再学习如何将这些声音转化为书写形式。这种方法使得孩子们在记忆英语单词时能够达到事半功倍的效果。

听力突破后，"阅读跟进"意味着：孩子在积累了大量听力词汇后，通过学习自然拼读可以将听力词汇转化为阅读词汇。在阅读时，他们能够深入理解每个单词背后的含义，而不是简单地将文字从纸上读出来。这种深度理解不仅让孩子们阅读文字，更能体会到英语的魅力，理解和感受词汇的内涵，进而打开通往更高层次英语认知和交流的大门。

因此，**早期重视听力训练，可以帮助孩子在记忆英语单词上"躺赢"。听力能力强的孩子，在英语阅读上也将实现飞跃。**

接下来，让我们一起踏上这个由 AI 技术赋能的英语学习之旅。AI 的助力让普通家长也能拥有专家级的辅导能力，而多元化的学习方式将孩子们带入一个充满个性化内容和丰富体验的英语世界。

"AI助力，多元学习"：迅速提升词汇量的三步策略

第一步：利用AI技术，点燃孩子对英语的热爱

站在孩子英语学习的起跑线上，我们的首要目标是提供易于理解的内容输入，确保孩子在观看和聆听的过程中能够理解英语，同时满足他们的兴趣。

我们首先可以利用AI工具为孩子筛选适合其年龄和心智水平的英语学习素材，如原版动画和歌曲，这些都是极受欢迎的。

想象一下，孩子坐在客厅的地毯上，聚精会神地观看《寻梦环游记》，他们的眼睛随着角色的每一个动作而移动，耳朵聆听每一个音符，沉浸其中。**如果孩子对某些内容理解有困难，可以用AI工具进行多媒体和中文解读，这样的互动不仅帮助孩子理解，更重要的是，它在孩子的心中播下了对英语的渴望的种子。**

方法是先借助AI提供的中英文双语解读和多媒体信息，帮助孩子理解原版绘本和动画内容，然后让孩子多次观看纯英文版本。在这个过程中，家长们可能会担心孩子形成依赖翻译的习惯，但事实上，我们的经验表明，孩子在听完中文解释后，通过反复观看纯英文内容，他们能够逐渐适应并吸收纯英文信息，不会影响英文思维的形成。例如，孩子在听了《小猪佩奇》英语绘本的中文解读后，再反复观看英文原版动画，他们会开始理解而非仅仅翻译。

这种方法过往需要依赖家长的英语能力和亲子英语阅读，现在有了AI工具，家长只需做好陪伴。

当孩子彻底理解英语素材后，我们进行"磨耳朵"练习，循环播放英文歌曲和故事。例如，在孩子洗澡或吃饭时，播放《小猪佩奇》的英文版作为背景音，让他们在日常生活中自然而然地接触英语。

通过这一步，我们不仅提升了孩子的英语听力，更重要的是，AI 工具根据孩子的个性和兴趣推荐英语素材，甚至定制生成音频、视频、绘本等多媒体内容，让孩子真正爱上英语学习！

第二步：海量输入，高频学习，培养良好习惯

高效的学习离不开良好习惯的培养，孩子每天至少需要投入 30—60 分钟的时间在英语视听环境中，这比每周的集中培训更为有效。词汇记忆的秘诀在于频繁且持续的复习。尤其是在假期，最好确保孩子每天至少有一小时的英语听力时间。

很多家长苦于孩子的时间安排，因此，如何有效利用碎片时间成为关键。以下是一些实用的方法，帮助家长在孩子的日常生活中巧妙地融入英语学习，利用 AI 音箱等设备，这些学习安排可以变得更加智能化和自动化。

早晨时光：在孩子起床后，可以利用刷牙、吃早餐的时间播放他们喜爱的英文歌曲，这样既不占用额外时间，又能让孩子在日常生活中自然接触英语。

上下学途中：利用开车或乘坐公共交通工具的时间。例如，如果孩子对"牛津阅读树"这样的英语故事系列感兴趣，可以在车上播放该系列的音频。

休闲时光：当孩子在玩耍或休息时，可以播放适合儿童的英语节目，如《爱探险的朵拉》。这些节目通常语速适中，非常适合孩子学习英语。

睡前时光： 睡前是一个安静且适合学习的好时机。家长可以给孩子播放英文睡前故事和经典绘本，这不仅能够丰富孩子的想象力，还能增强他们英语的语感。

通过有效地利用这些碎片时间，我们不仅确保了孩子每天的英语听力练习，还能让他们在轻松愉快的环境中学习英语，自然而然地掌握词汇。这种学习方法既高效又不会给孩子带来额外的学习负担，有助于培养孩子对英语的长久兴趣。

第三步：借助 AI 技术实现刻意练习和多元学习

为了有效提升孩子们的英语词汇量，采用刻意练习和多元学习策略至关重要。借助 AI 技术，这个过程可以转变成一段既充满乐趣又富于探索的学习旅程。

刻意练习指的是对英语素材的重复听读。仅仅"学过"并不等同于真正的"掌握"。有效的英语学习需要持续的重复和刻意练习。

孩子对词汇的掌握，不仅仅是简单的"听过见过"，而是一个涉及深入理解、记忆和对抗遗忘的过程。因此，持续的重复和刻意练习成为提高孩子英语水平的关键。通过听、说、读的反复实践，孩子们能够更深刻地记忆所学内容，并能在实际情境中灵活运用。

在 AI 助手的帮助下，家长可以挑选孩子感兴趣的英语素材，如迪士尼动画《冰雪奇缘》或者是流行的英文儿童歌曲《Baby Shark》。AI 助手引导孩子反复聆听这些故事和歌曲至少 8—10 遍。这种听力练习不仅避免了枯燥乏味，反而因充满了趣味而吸引孩子主动参与，很多孩子对某个英语故事、文章或歌曲的喜爱，可以促使他们重复观看和收听数十甚至上百遍！当孩子沉浸在英文故事情节和音乐中时，他们的英语听力和词汇量在享受和娱乐中自然提升。

多元学习不仅意味着通过多媒体方式提供精准的听读素材，还包括利用 AI 工具与孩子进行双语互动，使英语学习变得生动有趣。为了检验孩子是否真正理解所听内容，以数字人为代表的"AI 老师"能够与他们进行中英文对话，讨论故事的情节或歌曲含义，这样的互动不仅提升了学习体验，也促进了孩子英语能力的不断提高。例如，讨论《狮子王》中辛巴的冒险或者《冰雪奇缘》中埃尔莎的魔法之旅，都是在学习英语的同时享受故事的例子。

总之，利用先进的 AI 技术和工具，将学习融入孩子的日常生活，并通过富有趣味性的方式持续练习，将是提高他们英语词汇量和整体水平的有效途径。

我们将引导你将每一分每一秒的时间投入到最有价值的事情上,屏蔽噪音、摆脱内耗、突破自我,活出内外一致的自在人生。

友者生存4:为全世界加分

越靠近商业,越让我与父母、自己和解

■ 汪娜君

某500强公司在职管理人员
6个行业、8个职能成功转型学术与实战派
少数派职业教练

越靠近商业，越让我与父母、自己和解

我的名字汪娜君是爷爷给我起的，它融合了中西文化的韵味。我的微信昵称"安娜汪汪"则与之呼应。爷爷出身于世代为官的家族，他不仅精通绘画和二胡，还在学校教书育人。他是大家庭中唯一一个极有学识却不重男轻女的长辈。遗憾的是，爷爷在我7岁的时候因病去世，我的脑海里至今还晃闪着那即将熄灭的油灯星子。没有他的庇护和教导，我只能通过自己的努力来证明女孩不比男孩差。

作为一个从江南小镇走出来的典型"做题家"，我在15岁时考入了市里最好的高中，18岁那年从家乡独自出发前往北国冰城哈尔滨读大学，主修计算机和国际经济与贸易双学位。本科毕业后，我跨越半球，来到世界Top100高校的商学院读国际商务研究生，并从事教学研究工作。凭借出色的学业成绩，我曾一度同时为5位教授工作，并获得了通常不对国际留学生发放的研究生奖学金。

在十几年的求学道路上，父母为我提供了远超同龄人的优渥条件。然而，我打心眼里觉得爸爸对我的爱是有所保留的，甚至是有条件的。从我记事起，每次爸爸出差回来带的礼物，我和叔叔家小我一岁的弟弟得到的总是一模一样的，但我从来没有收到过叔叔、婶婶和奶奶的任何礼物。每当奶奶责骂我时，除了妈妈实在忍不了为我辩护，爸爸大多是袖手旁观。对于一个年幼的小女孩来说，没有被自己的父母偏爱就等于没有爱，至少不是全心全意的爱。

父母能够负担得起我的经济开销是有原因的。他们在我小学毕业时开始办工厂，专门为镇上和周边纺织大厂提供成品丝。也许是因为他们一心扑在自己的事业上，相比其他工厂老板为孩子做长远打算，他们没有主动为我的未来发展进行规划。无论是出国留学、还是后来在上海买房，每一次重大的财务决策都是我主动提出，依赖妈妈的帮忙才得以实现。即便当时的我已经成年，这些经历都成为我内心深处

的遗憾。

在填大学志愿时，我就暗暗下决心：一定要远离这个地方，离开这个充满偏见、势利、笑人无恨人有的环境。考上了大学，我就当作流放；如果没有考上，我就去流浪。我渴望去更广阔的世界看看，去拥抱世界上先进、开放、公平的理念。对于父母经营的那家雇了几十个员工的工厂，我并不感兴趣，尽管自动化生产线的车间十分壮观。当时的我并没有意识到，自己早已是令人羡慕的江浙沪独生女，尽管略带瑕疵。

在国外的第三年，我终于感到"书读够了"。我当时已深谙商业管理类的学术研究模式，其本质是对现实商业案例的滞后性分析总结，再加上对文献理论的回顾和提炼，形成新的模型假设，进行测试验证，并提出建议，从而产生所谓的"原创性"新理论，即可冲击顶级期刊。虽然这一切对我来说都轻车熟路，教授苦苦挽留，劝我继续读博，但我仍深感这些研究离真实的商业世界相去甚远。学术理论总是滞后的，准确地说，它们离电视剧中那些西装革履、在咖啡和红酒交错间谈大项目的场景太遥远了。

于是，我放弃了已经到手的绿卡，毅然回国投身于我心中向往的商业世界，开始了长达16年的外企职业生涯。而在宜兴汽车站下车的那一刻，我心底里关于"到底是不是爸爸最爱的小孩"的心结，突然有了打开的迹象。

那是一个盛夏的傍晚，我拖着行李箱走出车站，远远看到一个又跑又跳的身影朝我奔来，他的嘴巴张得老大，脸上洋溢着激动的笑容，动作有点笨拙滑稽，还差点摔倒，那份势不可挡的热情和力量，正是来自我的爸爸。"欣喜若狂"这个词在那一刻有了最真实的写照——原来爸爸是如此想念我，确定我要回国，他是如此的开心。这份亲眼见证的确定感，至今仍温暖着我的心。

我最终选择在上海安家立业，结婚生子。而父母仍在3小时车程外的小镇经营工厂，我们的生活仿佛又回到了两条平行线的状态。这种平静直到我生下孩子才打破。在经历了工作与照顾孩子的艰难平衡后，我无奈将7个多月的儿子送回老家，让他成了一名留守儿童。妈妈一边带孩子，一边继续经营事业，为我分担了很多。我和先生每周六一大早驱车300公里回老家与孩子团聚，周日晚上赶回上海工作，我们风雨无阻，从未间断。

记得有一次，我和先生开着车快到家门口，因堵车停在了桥下卖烧饼的小摊前，惊喜地发现原来妈妈正带着1岁多的儿子在那买烧饼。儿子顺着外婆手指的方向兴奋地跑来，我打开车门的那一刻，儿子手舞足蹈，发出长达1分钟的尖叫，那激动的声音让我动容。这是孩子对父母毫无保留的爱，让我想起了当初我回国时爸爸看到我时的情景。

不承想工厂遭遇变故，最终败给了所谓的亲情与轻信。接连的心力交瘁与打击导致了不幸的后果：爸爸被查出了恶性肿瘤晚期。为了治疗，爸妈和孩子全部搬到了上海。2岁的儿子天天跟着我跑医院，变得消瘦。而妈妈也因多年积劳成疾和压抑，最终精神崩溃，被确诊为抑郁症，至今还在吃药。

因为这一系列变故，我遭遇了经济危机。我请了2个月无薪事假，照顾爸爸，在爸爸做完手术出院后，我开始思考如何更快获得高薪和自由。父母曾通过辛苦经营为我提供了优越的生活和体验，他们做到了他们能力范围内的最好。不知从何时起，我不再纠结到底是不是父母最爱的小孩，这已经不重要了，因为每个人都有自己的局限性。有一个有趣的细节是，我先生童年家境贫寒，总想购买小零食弥补童年的缺失,而我每次看一眼就说:这些都是我小时候淘汰的。

凭借强烈的好奇心和卓越的学习力,我先后经历了6个行业、8个职能的成功转型。我追求新奇,每一次换工作都意味着从零到一地组建新团队或实施新项目。十年来,我一直担任500强外企的职能1号位,以管委会成员的身份参与公司的战略制定和执行。五星级酒店、米其林餐厅、精品咖啡、高档酒具和数次高幅度的涨薪,我都拥有了。爸爸康复后,我们也彻底关停了工厂,正式开启了三代同堂、亲密无间的日子。孩子也成为我们家的"调和剂"和"开心果"。

我曾在家庭与事业的平衡中遭遇难题,在开疆拓土的挑战与压力中前行,尽管总体上仍符合世俗意义上的顺遂,然而,对世界的好奇心和对创造的渴望驱使我无法停止向外思考,尤其是在一口气阅读了华与华的《超级符号就是超级创意》这本书后,我深深地被触动了。

其中一句话让我有醍醐灌顶的感觉:"我们明明在创业,却总是站在统治世界的大资本家的语境中去讨论问题。"**我突然意识到为何我能够在欧美大企业间游刃有余、切换自如,却总想尝试新事物,那是因为我潜意识中坚信自己还没有接近真正的商业核心。**当初如果父母那个小工厂没有倒闭,积累起来的就是真正的资产。我不禁感慨,这么多年,我远没有取得父母在我这个年纪已取得的成绩!

回顾过去,我从小就一直在追赶父母的脚步。他们在四十多岁时成为镇上最早学会开车的老板和老板娘,妈妈是市里第一批掌握电脑财会电算化的会计之一。我一直在潜移默化中受到他们顺应潮流、不断尝试突破自我的影响。

尽管当不了"厂二代",但我没有时间去自怜。我的管理学学术理论体系与教学研究经历,跨行业跨职能的实战转型历程,在各个岗位上辅导团队、帮助朋友获得屡次升职加薪的经验,都是我宝贵的财富。虽然没有刻意规划，但我的实际行动路线与每一次决策却是自觉遵循了科学高效的方法论与规律。我需要将这些经验转化为更大的价值，帮助他人摆脱内耗，找到出路，同时实现属于我自己的商业梦想。

于是，自 2023 年 10 月起，我以职业教练的身份推出了公益价格的职业咨询体验服务，以测试市场反应。没想到有很多素未谋面的小伙伴选择尝试，并给予了意想不到的好评和积极反馈。我也从中深切感受到跨出外企和大厂的舒适圈，并非所有知识和道理都是众所周知的。**在缺乏系统的自我探索与梳理下，极少有人能够通过最短的路径来获得自我实现、活出自洽愉快的人生**。

基于此，我开始尝试将用户实际需求融入专题课程和知识产品与服务中，以供各种类型的用户学习和实践。我提出了第一个口号："有职业问题，找安娜汪汪！"

接下来的三年，我将打造"时间资产战略投资商学苑"，帮助越来越多的小伙伴探索并构建他们当前人生中最具战略意义的时间资产投资组合。我们将引导他们将每一分每一秒的时间投入到最有价值的事情上，屏蔽噪音、摆脱内耗、突破自我，活出内外一致的自在人生。来，一起加入我吧！

> 我希望和你一起传递幸福,让世界因我们而更加美好。

友者生存4:为全世界加分

让我们一起传递幸福

■ 王贺

老王聊职场主理人

知时教育科技创始人

某500强上市公司人力资源总经理、项目总经理我姓王，已经年满 40 岁。十年前，我是一家上市公司人力资源与行政部的负责人。由于对"王总"这个称呼感到很别扭，我的 QQ 签名写着"请叫我老王"。在我的职业观里，这个部门应该是让同事感到温馨、充满关爱的家庭。而"老王"这个称呼，也在不知不觉中被同事们叫了起来。

我大学毕业后从东北来到江苏，第一次跨过长江。作为一个二本院校毕业的农村孩子，我经历了许多的人生第一次。但幸运的是，在过去 18 年的职场生涯中，我一路走来，遇到了优秀的公司平台，好的领导、同事和家人的支持。我涉足 4 个行业（医药、互联网、贸易、房地产），曾在 4 家企业工作。从技术到人力资源再到综合管理，从校招生到主管、经理、总监，再到总经理，年薪也从两万元增长到百万元。

我不是一个特别激进的人，毕业后的第一个五年，我的目标是成为部门经理，并在 2009 年实现了。第二个五年，我的目标是把前五年的职场积累贡献给一家上升期的公司，并和它一起成长，做到部门总监，结果我在 2012 年实现了。第三个五年，我的目标是考取一流院校的 MBA，一方面提升和系统化自己的管理知识，为从职能部门转向综合管理奠定基础，另一方面也希望实现自己高中时未完成的梦想，结果我在 2013 年考取了复旦大学 MBA，并在 2019 年成功转到综合管理岗，开始独立操盘房地产项目。第四个五年，我的目标是再晋升一级，然后 5 年后准备（半）退休，将更多的时间和精力留给家人和自己的兴趣。

我相信这个结果一定超过了 80％的职场人，我也期望这样的职场之旅可以伴我走到退休。至少在前 18 年，我设定的每一个规划目标都无偏差或提前达成了。

如果你问我,在这个过程中我都做对了什么,我想,也许是我得到了别人传递给我的幸福。

"吃亏是福"的幸福

这是我第一任领导送给我的一句话,那时我还是一个初涉职场的管培生。在军训期间,我被借调到集团协助他筹备公司第一届职工运动大会,也是唯一一个获此殊荣的管培生。这个任务是大老板临时决定的,因为那年的全国十运会在江苏南京举行,而且正处于2008年的奥运周期。作为医药行业里的领军民营企业,老板希望借势推动全员体育发展。

我的这位临时领导是当时集团的行政部负责人,人很好。他告诉我:"只管做事,其他的交给我。"

有一次,他和我闲聊未来的工作目标,让我记住了这句话——"吃亏是福"。于是我拼命地工作和加班,2个月后,运动会如期圆满举办。这个过程让我增长了很多见识,认识了许多人。

借调任务结束后,他问我是愿意留在集团,还是去子公司。我毫不犹豫地告诉他,我选择回到子公司。当时我的想法很简单,因为校招时录用我的领导正在负责筹建新的子公司,那里也是我当时的职业规划方向。听完我的回答,他当着我的面给那位领导打电话,说了我在这边的工作表现,并且非常真诚地表扬了我一番。我十分意外他会这么做,对于一个初出茅庐的管培生,这绝对是我的幸运。

到了子公司后,我精力充沛,白天工作,晚上加班,甚至第一年过年时都没回家(在办公室值班),拿着不到2000元的工资却感到无比快乐。那时的我成长迅速,领导安排的工作绝不推辞,研发、工程、生产、运营、人力资源……不会就学，甚至还自费参加培训和考试。那两年，我的眼里几乎全是工作，我收获了同期入职人员中最快的晋升和加薪，收获了优秀员工以及优秀党员等荣誉。然而，我也丢了两部手机和一段感情。

"年轻无极限"的幸福

2007年，我辞职后加入了当时市场份额第一的中华英才网。没错，就是那个在世界杯期间花了2000万元疯狂投放广告的超人公司。

我在这里度过了非常愉快的时光。那是一个属于年轻人的互联网时代，公司也营造了一个特别适合年轻人成长的氛围。另外，这个城市里还有我从小一起长大、睡在我上铺的兄弟。这里培养了我良好的工作习惯和职业素养，从理工科转型做HR的我，就像干燥的海绵一样，贪婪地吸收和成长。

我的业绩一直很好，获得了城市和集团的多项表彰。然而，一年半后，我选择了离开。现在回想起来，我依然不知道自己当时到底是为了什么。似乎只是因为有一个小公司可以给我提供一个管理岗位。我记得，当时城市公司和集团领导花了很多时间来说服我，甚至专门提前安排出差到苏州找我谈话，但我依然没有选择留下，似乎是着了魔。

临别时，集团领导送给我这句话——"年轻无极限！"

"越往上走，越孤单"的幸福

时间来到2012年，凭借"吃亏是福"的福报和"年轻无极限"

的冲劲，我遇到了一个非常好的晋升机会（合并公司后的区域部门总监）。那时，集团刚上市不久，这样的机会就好像是天上掉下来的馅饼一样砸中了我。然而，我也知道，合并出来的岗位至少会有两个候选人供领导层决策，而我也只是其中之一。

最终，我被任命为部门总监。但事后我还是经历了一段调整期，因为合并后的部门里有我的"竞争对手"，有原来的老部下，还有合并过来的新同事。而我的直接汇报对象也换成了推荐我"竞争对手"的人。

招我入公司的领导一直对我很好，她是我的伯乐，这期间她对我说："有些事一定要自己去面对，职场是复杂的，越往上走，会越孤单。"

从那以后，我更加专注于把事情做好，也更加懂得感恩。也正是在这个时候，我一边工作，一边备考，尽管第一年英语口语面试未通过，但我仍然二战考取了复旦 MBA，**我知道只有自己不断变强，只有自己的认知不断提升，才能抓住更多的机会和拥有更多的选择**。因为在中国，比自己优秀的人太多太多，而他们往往也都比自己更加努力。

经过持续的融合和优化，部门的凝聚力越来越强，连续一年多的区域排名稳居集团第一。荣誉接踵而至——城市奖、区域奖、集团奖、楷模奖、十大杰出贡献奖等，那是一段职场生涯中高歌猛进的岁月。

如果剧情一直这样发展下去，对我来说那简直太完美了，就好像《楚门的世界》中描绘的那样，一切似乎都是预先设计好的剧本，你只需将自己该做的事情做好。

然而，随着 2021 年房地产政策的陆续推出，这个行业的拐点似乎真的到了。尤其到了下半年,政策叠加疫情和国内外宏观经济及政治环境等诸多不确定因素,导致很多公司陷入困境,出现债务违约、裁员、降薪等现象,行业内外充斥着不安与恐惧。踏入 2022 年,我们似乎已经触摸到了行业的边缘,一个时代结束了……

对一个职场人来说,面对外界变化时的无能为力是最为脆弱的时刻。身边离开、失业、转行、焦虑、"躺平"的人越来越多。这是个真实的世界,因为你切实存在着;这又是个虚幻的世界,因为真相往往被掩盖。

在这一年里,我在工作的同时也在规划未来。我意识到,原本设定在第四个五年的职业目标已经提前结束了。我看不到目标,也无法触及,甚至不想再为其努力,产生了厌恶感。就像电影中的楚门,当他发现这一切都是虚构时,他选择不惜一切代价走出那个虚构的世界。

如果此刻,你再问我同样的问题(这个过程我都做对了什么?),我会告诉你:这都是时代和趋势的红利,而我只是恰巧身在其中,努力做了自己该做的事,其余的则是我的幸运。仅此而已!

当然,我从来没有怀疑过自己的能力,但是我更加清楚,人和人之间的发展差距,是因为有些人不仅努力工作,而且不断提升认知,并在关键时刻做出正确的选择。所以,**职场上单纯的勤奋和努力是拉不开差距的,它最多决定了你是多吃还是少吃一碗粥而已。而提升认知则可能让你的努力成果放大 10 倍,正确的选择则可能让你的努力和认知成果放大 100 倍,这些才是决定成长上限的关键。**

2023 年 5 月,我离开了长达 18 年的职场。回顾这一路,我真的很幸运,站在好的平台,得到领导、家人的关心和同事的支持,还有

友者生存 4：为全世界加分

一个不断努力、提升自我、做出正确选择的自己。展望未来，我希望能有一本书、一辆自行车、一双跑鞋、一副耳机，与我的孩子一起成长，与我的妻子恩爱有加。周末露营、闲时钓鱼、喝点小酒、陪伴孩子、和家人一起共度烧烤时光，或是公园里悠闲地吹吹风，这样放松而从容的生活，仅是想想就很开心。

都说 40 不惑，这一年我确实对很多事有了新的认识和领悟。

40 岁这年，我戒掉了长达 20 年的烟瘾。

40 岁这年，我开始将更多的精力投入到家庭之中。

40 岁这年，我重新学习了很多生涯发展的知识。

40 岁这年，我和朋友共同创办了一个小公司，发起了超级共同体这个旨在赋能咨询师的组织。

展望未来，我希望做点有意义的事，将这份幸运和爱传递给更多的人。我渴望链接更多志同道合的伙伴，一起发挥彼此所长，一起赋能更多的咨询师，进而帮助更多人在充满不确定的时代实现幸福的生活。

让助人者有力，与有力者同行。

这时，耳边回响起郝云的那首《活着》："其实我也常跟自己说，人要学会知足而常乐。"可万事都一笑而过，人生还有什么意思呢？

我姓王，今年 40 岁，我的签名是："请叫我老王。"我希望和你一起传递幸福，让世界因我们而更加美好。

> 其实,世界上没有绝对的黑白之分。为了生存,我们有时不得不采用非黑即白的简化思维,甚至颠倒黑白。

友者生存4:为全世界加分

为什么不能非黑即白?

■ 梁伟东

16年头部药企职业经理人、资深培训师
ICF 国际认证专业级教练(PCC)
团队教练、中高管教练、精力管理教练

友者生存 4：为全世界加分

"不管黑猫、白猫，抓住老鼠就是好猫"是邓小平同志提出的，这句话被刊登在 1985 年的美国《时代》周刊上。"猫论"影响了全世界，创造了人类历史的发展奇迹。无论是计划经济还是市场经济，只要能够有效推动经济发展，都是值得采纳的好方法。

你肯定知道黑猫白猫是一种隐喻，黑和白也是一种隐喻，有时候黑的好，有时候白的好，有时候黑白都不好，可能灰更好。总之，要谨防非黑即白。为什么呢？

理解世界不能非黑即白

早期人们以为世界是天圆地方的，后来发现不是；人们以为地球是宇宙的中心，后来发现也不是，太阳、银河系也非绝对的主宰。我们曾经的认知被一一颠覆。

牛顿的万有引力定律曾被视为世界运行的不二法则，然而爱因斯坦的相对论又将其颠覆，引领我们进入以波尔和海森堡为代表的量子时代。我确信这不是终点，因为科学的本质就是不断地自我颠覆。

熵增定律被认为是宇宙的铁律，从宇宙大爆炸起，熵便不断增长。然而，薛定谔在《生命是什么》中提出生命以负熵为生，从环境中摄取秩序以维持生命系统的进化，这一观点挑战了熵增的绝对性。

而人类对生命的理解也在不断进步，从神话传说中的女娲造人、上帝造人，到达尔文的《物种起源》、道金斯的《自私的基因》，再到威尔逊的《创世纪》，每一次新的理论都刷新了我们对生命的认知。

可见，世界不是一成不变的，不是非黑即白的。

理解社会不能非黑即白

史蒂芬·柯维在《高效能人士的第八个习惯》中,将社会发展分为五个阶段:狩猎采集时代、农业时代、工业时代、知识时代,直至智慧时代。

与此相伴的,是人类社会组织形态的演变,弗雷德里克·莱卢在《重塑组织》中有精彩论述。

红色组织——冲动型世界观,"权力"是审视万物的唯一视角,代表组织是原始部落、黑手党、街头帮派;

琥珀色组织——服从型世界观,琥珀色组织有着金字塔般层级森严且明确的等级划分,代表组织是军队和天主教教会;

橙色组织——成就型世界观,将组织视为机器,如上市公司和华尔街银行;

绿色组织——多元意识型世界观,绿色组织的领导者坚定地认为,员工并不仅仅是组织这台大机器中的齿轮,将员工视为家庭或社区的一部分;

青色组织——进化型世界观,将组织视为有机生命体,与生态系统交织互动,追求更复杂、有意识的发展。

疫情的出现,加速了我们对社会发展的感知,有人认为社会发展已经从"固态"进入"液态",并向"气态"演变。《未来简史》的作者尤瓦尔·诺亚·赫拉利在描述职场变化时指出,我们不知道哪些技能是最安全的,只知道工作市场将不断变化,很多旧工作会消失,也有很多我们今天无法想象的新工作会出现。

可见,社会不是一成不变的,不是非黑即白的。

理解人不能非黑即白

说到个体,有人说人一定会死吧?人性本恶还是本善?江山易改,本性是否真的难移?这些问题值得我们带着好奇的心去深入探索。

人会死亡是常识,一般人也不会否认,可是如何理解"有的人活着,他已经死了;有的人死了,他还活着"?科学发展到今天,我们能理解所有人的归宿都相同——成为宇宙中的一粒尘埃。在某种程度上,也遵循物质和能量守恒定律,暗示着"物质永存,肉身不灭"。所以对"死"的理解是开放的,正如《一个瑜伽行者的自传》和《西藏生死书》中所启示的,可见,**生死这件事没那么简单**。

说到善恶,儒家思想的"真骨血"、心学开创者王阳明的四句教——"无善无恶心之体,有善有恶意之动,知善知恶是良知,为善去恶是格物"——深刻体现了人类对善恶理解的局限和境界。**可见,善恶这件事也没那么简单**。

有人说,扯远了,关注现实生活中的家庭和事业才是最重要的。在家庭中,要处理好亲子关系和亲密关系。在亲子关系中,《正面管教》倡导的"温柔有边界、和善而坚定"的教育原则值得我们去学习;而亲密关系则可以参考 1869 年英国思想家约翰·斯图尔特·穆勒的社会学著作《妇女的屈从地位》,最理想的男女关系应该是平等和爱的关系。加拿大亲密关系专家克里斯多福·孟在《亲密关系》中指出,追求真爱、化解冲突、获得幸福的钥匙在于正视并接受内心真实的自己。**亲密关系的本质竟然不是与对方的关系,而是我们与自己的关系**。

再看事业，工作涉及"管别人和被人管"的互动，管理者需要具备领导力，而领导公司需要既能"保存核心"，又能"刺激变化"，正如《基业长青》所倡导的。而最优秀的领导者是《从优秀到卓越》中所描述的第五级经理人，他们具备"极度谦逊的为人和极度坚定的意志"。畅销书《绝对坦率》推崇的是既要"个体关怀"，也要"直接挑战"，也就是"既要菩萨心肠，也要霹雳手段"。

存在主义者萨特通过杯子启发我们：人的本质并非预定，而是有待形成的。孔子提倡"君子不器"，王阳明主张"圣人之道，吾性自足，不假外求"，禅宗六祖惠能则说："何期自性，本自清净；何期自性，本不生灭；何期自性，本自具足；何期自性，本无动摇；何期自性，能生万法。"

可见，人也不是一成不变的，不是非黑即白的。

还有呢？

宇宙中的暗物质和暗能量已经成为无法忽视的重要存在。事实上，宇宙微波背景辐射观测实验的结果显示，暗物质在宇宙物质总量中的比例占到了26.8%，而暗能量占到了68.3%。

《周易》中蕴含阴阳互转、刚柔相济的思想，阴阳黑白共生互转，相克相生。

人们一般相信眼见为实，可是看不见的能量或许更强大。例如，新冠病毒COVID-19是我们肉眼看不见的，但它对我们产生了巨大影响。

心理学上"习得性无助"的小象实验和小狗实验都告诉我们一个道理，拆掉思维里的"墙"可能比解除看得见的"枷锁"更重要。

有人说凯文·凯利的《失控》的书名翻译成"无为"可能更恰当，虽然看起来很主动"有为"。

友者生存 4：为全世界加分

李小龙的功夫哲学强调"以无法为有法，以无限为有限"。

卡尔·荣格说："向外看的人在做梦，向内看的人将觉醒。"

当今世界经济运行的底层逻辑是亚当·斯密的"看不见的手"，亚当·斯密不仅写了提出人性自私的《国富论》，还写了关注人性道德的《道德情操论》。

爱因斯坦的著名方程 $E=mc^2$ 统一了能量和物质的关系，揭示了物质和能量可以互转共生。

量子力学的奠基者之一保罗·狄拉克认为世界上一定存在正电子，最终证明他是对的。

钻石和石墨虽然都是碳原子构成的，但它们的性质截然不同。

侦探硬汉小说的巅峰之作《漫长的告别》告诉我们，即使最美好的爱，这样的情感也会产生破坏性的力量。

陀思妥耶夫斯基在《罪与罚》中写道："人能从洁白里拷打出罪恶，也能从罪恶中拷打出洁白。"

《了不起的盖茨比》的作者菲茨杰拉德说："同时保有全然相反的两种观念，还能正常行事，是第一流智慧的标志。"

据说饕餮这样的神兽，声音却像婴儿。

萨特说，"他人是地狱"，阿德勒说，"他人也是幸福的源泉"。人们会有生存斗争，与兄弟姐妹甚至父母亲也一样；有时又情比金坚，甚至素昧平生的人会生死相依……

其实，世界上没有绝对的黑白之分。为了生存，我们有时不得不采用非黑即白的简化思维，甚至颠倒黑白。事实上，边缘性人格障碍的特征就是极端化的非黑即白思维，这是我们特别要警惕的。这正体现了珍妮弗·加维·贝格在《领导者的意识进化》中提到的"以我为尊"心智模式，其特征是绝对化和应该化。这让我们想起孔子的智慧

——**"毋意,毋必,毋固,毋我"**。

当我们跨入 VUCA(Volatility,易变性;Uncertainty,不确定性;Complexity,复杂性;Ambiguity,模糊性)和 BANI(Brittleness,脆弱性;Anxiety,焦虑感;Non-Linear,非线性;Incomprehensibility,难以理解性)时代,我们被逼迫,也被召唤,我们整体需要突破"规范主导",我们需要更具创造性的"自主导向和内观自变"的心智模式,因为这更具包容性、系统性、客观性和慈悲心,它们与每个人的福祉休戚相关,涉及幸福、意义乃至存在的本质。

当然了,若过于执着于不非黑即白,就又陷入非黑即白了。这是我们要时刻小心和觉察的。

> 任何时候,学习和成长都是我们要做的事情,没法偷懒。

友者生存4:为全世界加分

我的上半场人生

■ 烁琦

井言身心平衡创始人
井言逆龄密码创始人
原知慢活家园创始人

我生在农村，那是一个物质匮乏又充满温暖的年代。我的记忆是从三岁左右开始的。

我来自一个大家庭，有爷爷奶奶、爸爸妈妈、小姑和叔叔，后来还有了妹妹。在我的记忆里，除了奶奶总是板着个脸（她重男轻女），其他人都对我充满了爱。尤其是爷爷和爸爸，将我视为掌上明珠。

童年的记忆里，充满了幸福和被宠爱的感觉。

我的爷爷是一个有文化的人，所以在我很小的时候，他就给我讲各种故事，包括名著、古今中外的名人轶事和历史典故。每逢赶集的日子，他会带我到街上去看戏，川剧或京剧，还会一起喝茶，听他和其他的老人讲有趣的故事。

在家中进行祭祀活动时，爷爷会提前摆好书桌、笔墨纸砚。他会让我恭恭敬敬地在书桌一侧磨墨，而他就亲自写祭祀用的袱子，一笔一画，苍劲有力，工整美观。我特别喜欢这样的时刻，喜欢这种仪式感。爷爷有身为家长的风范，清瘦的他总是穿着白衬衫、黑裤子和一双黑色的布鞋。笔墨纸香弥漫在空气中，我沉浸在对爷爷笔法的欣赏中，感到既欣喜又宁静。

写完袱子后，爷爷和我一起提着竹篮去摘花朵和梨，回家制作贡品。我会把各种颜色的花插进不同的容器，摆在祭祀桌上。爸爸和妈妈则会准备其他水果、点心、酒水以及煮好的包子和肉类，将它们都端上来摆好。等到仪式结束，一家人围坐在餐桌旁，开心地吃起饭来……

小时候，我最喜欢的就是青草的香味。在夏末初秋的季节，为了准备插秧，我们会收割田地里的各种农作物。那是我最爱的时光。割下那些柔软的植物，然后把它们铺在田野里晾晒。等到下午，躺在那些散发着温暖和淡淡清香的草垛上，很快就能睡着。**醒来睁开眼，我看着蓝天上的朵朵白云发呆，微风轻轻地拂过脸颊，耳边传来不知名的鸟叫声……**

在上学的路上，我最爱的就是雨后放晴的时刻，我站在路的中央，眼前出现一道巨大的彩虹。我跑啊跑，渴望触摸它，可是走近看，又不见了，我赶紧转身返回，跑到原来的地方，又看到彩虹挂在那儿。有些时候，还会看到两道彩虹，更远更大的一道仿佛在天边。

爸爸经常带我去书店和电影院。我的藏书是我们村里最多的，我们街上电影院的每一部电影我都看过，我记得光《画皮》就看了四遍。

记得我大概5岁的样子，有一次爸爸领工资后，带我去县城书店买完书，又带我去买了半只板鸭。卖板鸭的师傅将板鸭切成两块，装在一个牛皮纸袋里。我们在路边的一个椅子上坐下，爸爸笑眯眯地看着我啃这半只鸭子。这是我第一次也是唯一一次吃这么大块的鸭子，那香味、满足感以及被爱包围的感觉，令我回味终生。

每当妈妈不在家，爸爸就会带着我偷偷地把洗衣粉撒在院子的水泥地上，从井里打水将水泥地洗得一尘不染。然后，他会打开唱片机，放好唱片，一边抽着烟，一边看我光着脚丫在水泥地上跳舞。

后来，我上了寄宿初中，遇到了那个人。多年以后，他对我说："我养你的时间比你爸养你的时间长多了。"

12岁的年纪，现在看来是那么的小，当时我怎么就觉得自己会喜欢一个人一辈子呢？

虽然我是被爷爷和爸爸宠大的小女孩，可我骨子里也住着一个男孩子。从小就天不怕地不怕，跟着表哥爬树翻墙，打泥巴仗，爱打抱不平,成了孩子王。

当同龄人都情窦初开的时候,我还是喜欢穿表哥不要的衣服和鞋子,不要妈妈给我买的女士自行车,而是骑着我爸的那辆又破又旧的大自行车去上学。

一天下课,我听到一群男生在笑:"这是谁的自行车?我们都找了好几天了,也不晓得是哪个的,比××(男生)的自行车还破旧……哈哈哈!"我走过去一看,这不就是我的自行车吗!我淡定地走到自行车旁,所有男生都默默走开了,从此没人再敢调侃了。

每天做早操,我都是宿舍里最后一个起床,不洗漱,直接冲出去。后来听他说,他最喜欢看我在早操的队伍中披头散发、抠眼屎、整理衣服的样子。

我人生的第一次尴尬场景,应该出现在一次课间休息时。他一如既往地假装来找我闺蜜聊天,而我那段时间天天穿着一双很酷的登山鞋,即使大脚趾的位置有一个大洞也毫不在意。但那一刻,感觉到他偷瞄我的瞬间,我悄悄地把那只穿着破鞋的脚缩到闺蜜的身后,浑身不自在,恨不得地上有个洞可以钻进去。

这件事成了我的心结,从此以后,我就想方设法躲着他,觉得他是我们班最讨厌的人。

而他,似乎总能找到合适的时机出现在我的视线范围内。即使在周五放学回家的时候,他也早早地守在学校大门口的小卖部,而我常常躲起来,为的是不让他知道我有没有离开学校,因为他会收买我的闺蜜,让她们来找我,和我一起回家。

周日返校的日子,无论我多早或多晚到学校,他总是风雨无阻地在操场上打篮球。我们的操场在学校的大门口,看到他的身影,我都会不自觉地加快骑车速度,飞驰而过。

临近毕业时,他给我写了一封信,吓得我躲在被窝里睡不着觉。毕业后,他通过各种方式让我相信我也喜欢他,然后开始被动地和他通信。从恋爱到结婚是我和他最甜蜜、最幸福的时光,后来的故事印证了那句话:"相爱容易相处难。"

一切鸡毛蒜皮的小事总能引发争吵,伤人伤己。我虽疲惫不堪,但又充满信心,总认为只要我们彼此相爱,就能越来越好。

事实总是打脸,我们像两条平行线,永远没有相交的那一点。 我在婚姻里渐渐地活成了一个怨妇,而他也越来越沉默不语。我摔碎了家里所有能发出响声的东西:玻璃杯、陶瓷制品、塑料板凳……他默默地拿起扫帚打扫。我像一个拳头打在棉花上,心里更堵得慌。我抑郁了!

随着孩子渐渐长大,这样的日子看不到尽头。有一天,13岁的老大对我说:"妈妈,你需要有你自己的人生,做你喜欢的事,爱你自己。不要把全部精力和时间都放在我们父子仨身上,因为这样你会很累,我们也很烦。"

于是,我开始走上学习之路。

我学得很开心,像打开了新世界的大门,我对知识如饥似渴。可是,当我前进三步时,总会被现实拉回来两步,举步维艰!直到历经两个孩子的青春期,以及在治疗抑郁症的过程中遇到整体自然疗法,我才真正体会到:"所有的痛苦和磨难不过是来成就你的。"这句话道出了每一个在成长道路上的人的深刻体会。没有白走的路,这是真的。不管我的童年是多么幸福,不管恋爱时如何被对方捧在手心,这些都是要还的。就像我家老二说的:"你越小的年龄去经历大的挫折,你就越成长得早。"任何时候,学习和成长都是我们要做的事情,没法偷懒。

现在的我们,好像变了,又好像什么都没变。只是在我的世界里,我把对对方的期待降到最低,把我对他的无微不至的关爱收回来,放在我自己的身上,以爱自己为前提。

在婚姻里,我原以为想要的幸福就像爷爷和爸爸爱我一样简单,唾手可得。我以为我们可以像刚刚恋爱时那样,一辈子甜蜜美好。

到了现在,我才明白,只有父母对于自己的孩子,才会无条件地爱,而感情中的两个人,由于原生环境、性别和性格的不同,注定是有各种磕碰的。更何况,他最初喜欢我的时候,喜欢的是他看到的我的样子。在一起之后,我是否还是当初他喜欢的样子呢?至少,在我们共同的生活中,呈现出来的最真实的一面,已经让彼此感受不到当初的美好了。

我们想要的,都要去争取、去经营。不论是婚姻还是事业,都是如此。

这一路走来,我们彼此伤害,没有赢家。我以为我是那个一直成长、不断修行的人,而他似乎止步不前,因此我们婚姻的问题在于他。然而,真正修行的人哪来这些责难和指责?我不过是自以为是罢了。

婚姻的经营需要双方的共同努力、相互理解、包容和调整自己,我们无须要求对方改变,先做好自己就行了。

想起我和他最喜欢的事,就是一起手牵手逛菜市场,这个摊子看看,那个摊子买买,认真逛完,带着满满的收获,一同回家。然后他去煮饭,我就坐在沙发上吃水果,或者跑到厨房和他聊天,吃他喂我的食物。

我从小到大的梦想，就是有一个庄园。至于为什么是庄园，可能是源于小时候看过的某部国外的电影，大大的庄园里栽满了鲜花、果树、蔬菜，一群可爱的孩子撒着欢儿在阳光下的草地上尽情玩耍，旁边还停着一辆很高大的吉普车。

而今，我的小孩们都已经长大成人了，我的农庄梦还没有实现。我和他恋爱时，就曾幻想：我的农庄很大很美，有一个大厨房，我在做饭的时候，推开窗户，一声呼唤，孩子们就回来了。这个场景我大概幻想过100遍吧，可是它并没有实现。

我以前常常对他说："婚姻真的是爱情的坟墓，我们之间已经只剩亲情了。"但如果我总是努力追求和维持表面的和谐，就很难发展出真正的爱。失去并不意味着真正的失去，而是为了换取更为珍贵的东西。

如今，我和他学会了理性沟通，虽然他仍然不爱说话。我们之间更像是合作者，一起讨论爱、成长、工作和孩子，遛狗时互相追逐，旅行中给彼此空间。

未来的旅程一定很精彩，旅途中的伴一个也不少：爸爸妈妈、我和他，还有我们的两个儿子。

我希望每一个在人生分岔路口徘徊不定的人,都能最终选择真正适合自己的那条路。

做自己,书写属于我的精彩人生

■ 晰姐

精彩人生研习社主理人
互联网大公司资深 HR
生涯规划咨询师

2023 年,我拥有了一个新身份——精彩人生研习社主理人。我带领很多人一起探索作为一个普通人,如何活出自我,拥抱精彩的人生,并与大家一起践行,努力过上内心深处真正渴望的生活。曾经,有一个网友在看到我的故事后,给我留言:"这样的故事,我以为只会发生在电视剧里。"其实,我只是个普通人,只不过幸运的是,我更早意识到我可以通过努力去实现自己的每一个梦想,也一直希望能够以自身的经历影响他人。

我想让你成为舞台的焦点

上小学的时候,我也不知道哪来的灵感,总是想要把我身边的小朋友打造成明星。我为她们梳妆打扮,教她们如何摆姿势,给她们编排节目,甚至组织节庆活动。在这种过家家式的"明星经纪人"体验中,我体会到了帮助他人的巨大成就感。那时,我在心里便种下了梦想的种子,**我渴望成为一个帮助他人实现梦想的人**。

起初,这个梦想还比较狭隘,只是想要让身边有才华的人能够崭露头角,成为明星。虽然当时的我还只是个黄毛小丫头,却也没想过要等长大了再去做自己想做的事,而是从一开始就积极探索各种可能性。当我发现身边同学中有人唱歌不错,我便鼓励她参加比赛,为她选曲、做造型,还帮她在百度贴吧做宣传。

我早早就意识到,这个行业需要有背景和资源,普通人根本无法进入这个圈子,所以我在高中时期就开始有意识地接近这个行业。通过追星,我有了很多次作为粉丝团成员参与电视台节目录制的机会,也认识了一些圈内人。我甚至自己寻找试镜机会,在电视剧剧组当群众演员。但我当时根本不知道艺考还能考编导专业,也不知道大学还有自主招生这一途径,我和我的父母、老师都不知道还有其他更适合我的路径。可以说,我已经做了一个普通在读高中生单凭自己的能力能做的所有事情了。

高考刚结束,我加入了电影剧组,体验了演员助理的工作,让我感到离自己的梦想很近了。读大学后,我开始在电视台实习,担任综艺节目导演,甚至被节目组派去湖南卫视学习节目制作流程,我真的在一步一步实现自己的梦想。然而,在我大学毕业即将在电视台转正之际,我的父母在背后做了很多努力,让我不得不选择了离开。那个决定让我非常心痛,以至于多年后,我仍记得我离开电视台的那一天——2011年9月23日。当时的我年纪还太小,对职业不太了解,以为离开电视台就是我在这一行的终结,我必须另谋出路,我根本没想过其实我还可以选择其他电视台或者行业内的其他机会。就这样,我草率地离开了这个行业。

我想让深山里的你拥有梦想

后来,我进了一家央企,工作平平无奇,不过还挺开心的。但时间久了,我还是不甘于过这样平凡的生活,梦想的小火苗还是没有彻底熄灭。直到有一天,我因为工作的原因前往广西梧州的一个山区希望小学捐书,我看到当地的孩子们都没穿鞋,光着脚在地上跑来跑去。孩子们对我们很好奇,从门旁边悄悄探出头来看我们,也对书很好奇,扒着纸箱的缝隙往里看。当时我就在想,捐一个图书角真的能改变什么吗?

从那一刻起,我萌生了支教的念头,我想真正走到这些孩子的身边,影响他们,帮助他们。这个想法让我心潮澎湃,去支教,帮助山区的孩子找到自己的梦想，甚至助力他们实现梦想，这不就是我的梦想吗？于是，在我不懈的努力下，我终于让思想保守的父母同意我辞职去支教，并且也通过层层筛选，成为美丽中国项目的一名支教老师。

支教生活固然辛苦，但我们都乐观面对，因为我们担负着使命，充满了热情。然而学生和我们想象的很不一样，他们没有我们想象中那种渴望知识的大眼睛，我们听到最多的声音就是"我不想努力"。最令我费解的是，他们不仅不想努力学习，甚至玩耍也缺乏热情。游戏规则稍微复杂一点，他们就不想玩，只愿意玩一些追赶打闹的游戏。尽管现实和理想差距很大，但我们仍然想尽办法，希望能够带来一些改变。例如，我坚持让他们提交周记，并给每一个人写评语，希望通过这种方式与学生们有更多的交流。

我有一个学生交周记很积极，他的心思细腻，文字很有灵气，这在当地的孩子中很少见。我格外关注这个学生，我希望能通过周记评语给予他更多的鼓励，帮助他发现自己的天赋。当我挑选最优秀的一批学生到深圳参加夏令营时，我破格给了他一个机会，希望他通过看到外面的世界，获得对未来的期盼和动力。然而，支教结束后，有一次我在QQ上遇到他，问他为什么没在上课，他说他不想学习，只想在宿舍躺着玩手机。我说如果你不想学习，可以尝试做其他事情，只要能做好，也是可以的。但他说什么事情都不想做，不想努力，只想玩手机。**我当时心都碎了，感觉自己的全部努力在那一刻都化为了泡影，尤其是看到一个这么有灵气的男孩就这样放弃了自己。**

在支教过程中，这样的故事太多了。我刚家访劝服想辍学的学生至少读完初中，没过多久，她就跟网上认识的男朋友私奔了；我为辍学的学生好不容易找到一份有前途的学徒工作，他却因为怕脏怕累，不愿意去；还有学生被省射击队选中，可以去城里训练，却放弃机会，最后只能去山里搬石头……我感到无论我做什么，都改变不了任何事情，这种深深的无力感超出了我能承受的范围。**在改变这些孩子命运的道路上，我意识到我的力量实在太有限了。**

我变强了，也实现了最初的梦想

在结束支教生涯后，我选择了考研。我想通过考研改变自己的人生，或许有一天我变强了，我就有能力真正影响和帮助他人。在做这个决定时，一个朋友的一句话可以说影响了我的一生，她说："你已经是在工作后考研了，如果你不去争取清华北大这样的名校，那么三年青春的付出将毫无意义。"这句话让我震惊，因为我这辈子都没想过我还可以考清华北大。但是我非常认同她的观点，因为我非常清楚对于一个25岁的女性来说，辞职去读三年书意味着什么。于是，我将考研目标调整为北京大学。

考研对于我来说不是一件容易的事情，更何况是北京大学这样的名校。首先，我从来就不是什么学霸，我在本科阶段甚至一秒钟都没有想过要考研。在备考期间，我在QQ群认识了一个师兄，他鼓励我到北京脱产复习。我也不知道我哪来的勇气，相信了一个互联网上认识的陌生人。我在一周内就辞职去了北京。师兄是个既热情又严格的人，他把他的成功经验介绍给我，并要求我严格执行。我决定信任他，因为我相信他的道路就算不是最优解，但起码成功过，我只要沿着一条能够通往成功的路走，就迟早能够抵达成功的终点。最终，我走进了做梦都没梦到过的北京大学校园。

读研期间，我又产生了新的迷茫，突然觉得学的专业好像和自己最初的梦想没有关系，只是让自己多了一个名校光环。直到有一天，我在网上了解到生涯规划师这个职业，仿佛找到了自己的伯乐。这不就是我寻觅半生，真正想做的事情吗？帮助他人成长和实现梦想。

于是，我开始了对生涯规划的学习，上了很多相关的课程，还拿到了国家二级心理咨询师证书。为了在这个领域取得更好的发展，我在北大又读了应用心理学硕士。虽然我一直在学习，一学就是 8 年，但是刚开始面对来找我咨询的人时，我还是缺乏信心去帮助他们，总是将他们转介绍给其他咨询师。很多与我一起学习生涯规划、起步比我晚的老师，已经成了非常资深的咨询师，甚至开始培养新的咨询师，而我似乎还在原地踏步。直到来找我咨询的人越来越多，我意识到我不能再推辞了，大家之所以来找我，是因为认可我，我不应该拒绝帮助这些信任我的人，而且我也需要在帮助他们的过程中不断精进自己的咨询技术。

于是，我参加了一个咨询督导营，因为这个督导营需要提交咨询报告，倒逼我不得不接受更多的咨询任务。事情进展得比我想象的要顺利得多，每次在朋友圈发布咨询招募信息，都会有人主动联系我。当他们得知咨询费用后，都会直接转账，甚至有可爱的来访者在咨询时表示，我的收费实在太便宜了。感谢这些来访者信任我，这让我信心倍增。在督导营学习的过程中，我刻意练习并提高我的咨询技术，争取在每一次咨询中都能改进之前做得不好的地方。

每当看到来访者在生涯规划和职场发展方面遇到问题，我都发自内心地希望帮助他们，因为我不希望他们和当年被迫放弃梦想、离开电视台的我一样，留下"如果当时我知道还可以这样就好了"的遗憾。有时候，迷茫的年轻人并不是真的想要放弃梦想或者真的走不下去了，只是需要有人指点迷津，帮助他们看到认知以外的东西。我希望他们能像我一样幸运，在关键时刻有人点拨，可以做出"考北大"这种自己从来没想过、但或许能改变一生的决定。我希望成为他们人生道路上的那个人，鼓励他们最终找到属于自己的那条路。

如今，我很高兴我又找回了自己最初的梦想，而且这个梦想变得更大了。我不再是帮助一两个人成功，而是帮助更多的人。这条路很长，还可以走很久很久。我希望每一个在人生分岔路口徘徊不定的人，都能最终选择真正适合自己的那条路。**希望每一个感到前路茫茫且无助的人，都有人帮助他们吹散迷雾，为他们照亮前方，让他们看到通往梦想的道路。**

矩阵策略的核心目标之一是应对抖音平台的推荐机制和用户行为的不确定性。

知识 IP 如何通过矩阵，十倍放大你的赚钱能力？

■ 晓明

有 5 年知识付费经验
抖音流量操盘手
合作 IP 单月变现过百万元

知识 IP 如何通过矩阵，十倍放大你的赚钱能力？

你好，我是晓明，一个在激烈竞争的时代中，历经项目磨砺的专业的流量操盘手。

在 4 年时间里，我从一个没有背景、学历，面试频繁被拒绝，刚入行月工资只有 5000 元的"小白"，蜕变为负责整个公司、项目年营收超过千万项目的关键人物。我是如何让我操盘的 IP 项目单月变现过百万元的呢？这源于我对一项技能的深度挖掘和实践——IP 矩阵运营。

工作 4 年，我曾创作过 200 个短视频文案，这些内容的累计传播量已突破亿次；在我的操盘下，合作 IP 项目单月产值超过了百万元；在视频号运营上，我获得了单个项目月涨粉 10 万、矩阵号变现百万元的成绩。

什么是矩阵运营？

矩阵运营是当前知识 IP 放大赚钱能力的关键。矩阵主要分为视频矩阵和直播矩阵。这里我们先介绍视频矩阵。

视频矩阵：放大你十倍赚钱能力的核心

矩阵运营可以简单理解为一个 IP 在不同社交平台上拥有多个账号，并通过同步分发内容来实现多账号、多平台的协同运作。以抖音平台为例，其去中心化的算法意味着不会将所有流量都集中在一个短视频或账号上，因此，矩阵运营的底层逻辑在于利用多个账号同时发布内容，从而实现更广泛的流量覆盖。

很多人误以为矩阵运营只是简单地开设多个账号，实际上，这只是表面现象，矩阵运营的本质是获取更多稳定且有效的流量。在知识付费的 MCN（多频道网络）领域中，一个专业的短视频剪辑师或编导通常会为单一的知识 IP 管理 5～10 个账号。

如果你是知识 IP，请务必投身矩阵运营的怀抱。因为一旦你踏入矩阵的世界，你会惊喜地发现你的收入有可能成倍增长。IP 矩阵的核心是利用已有的超级 IP 所积累的势能赋能其他账号，借势起号，而不是各自发力地发展多个 IP。其实，矩阵运营并不像你想象的那么复杂，核心技巧简洁而高效，我总结为以下三点。

跑通单账号 MVP

成功启动第一个盈利的账号至关重要。你需要将这个账号复制扩展至 10 个甚至 100 个账号，以避免大号被封或者限流而产生流量焦虑。矩阵的初衷是为了获得更多稳定的流量，减少对单一账号的依赖。

倍数逻辑的应用

矩阵运营的第二大核心是倍数逻辑。根据 2023 年的新规定，为了避免被判定为搬运或查重，同一视频在不同账号上的文案应有至少 70% 的差异。现在我不推荐你单一平台的矩阵运营，而应考虑全域矩阵。虽然抖音的规则较为严格，但其他平台的监管相对宽松。你可以在抖音、快手、小红书、视频号等多个平台进行内容分发，如果你在每个平台上有 10 个账号，每条视频在这些账号上发布一次，那么一条内容就能分发 40 次。假设每条视频播放量有 1 万次，那么累计播放量将达到 40 万次。

起号方法的掌握

矩阵运营的第三大核心是掌握矩阵起号方法。很多 IP 在冷启动阶段，常常困惑于如何快速提升账号知名度、选择何种类型的内容以及如何规避违规风险。请放心，我将在后文详细为你讲解这些问题。

直播矩阵：解锁知识 IP 的四种创新形式

直播矩阵为知识 IP 提供了多种创新形式，以最大化提高单个超级 IP 的变现效率。以下为四种主要形式。

IP 直播

IP 本人亲自在平台上进行直播，直接获取用户关注和信任。

子 IP/副播

孵化团队中的讲师成为子 IP，他们可以独立进行直播，扩大品牌影响力。

店播

知识 IP 完成第一轮用户转化后，进行 2～3 小时的直播。同时，培养主播梯队，使直播间保持"日不落"状态，持续获取新用户。

代表账号：英语雪梨老师、小学数学张老师。

半无人直播

录制知识 IP 的绿幕直播间素材，与真人拼接，每隔三五分钟停一次，让真人小助理说话，以避免违规。这种方式相当于知识 IP 本人进行直播，其核心是素材质量，这将直接决定直播间的转化率。

代表账号：博商张琦、王纪琼、石芳家庭教育。

我们为什么要实施矩阵策略？

增加曝光量和流量

根据我们过往的经验，一个知识 IP 运营 10 个账号，可以至少提高 5～7 倍的曝光量，并提升 5 倍以上的成交金额（GMV）。

应对抖音机制和用户不确定性

矩阵策略的核心目标之一是应对抖音平台的推荐机制和用户行为的不确定性。通过提供优质内容，我们可以提高内容在平台上传播的概率。

提高剪辑人效比成功率

引入内部赛马机制，有助于确保剪辑素材的多样性和提高成功率。

构建知识 IP 矩阵的策略

知识 IP 矩阵构建的条件

后端产品成熟度：确保具备稳定的承接能力，能够有效转化流量为收益，拥有完善的客单价体系。

IP 输出能力：IP 需要具备强大的干货输出能力、高度配合的意愿以及良好的过往曝光度。

运营团队成熟度：后端运营团队要成熟，且人才体系建设非常完备。

IP 矩阵的核心操作点

拍摄要点

采用绿幕拍摄，方便后期抠图、换背景、查重和过审。

针对同一类话题，使用 2~3 个机位，制作至少 30 条创意内容。

素材整理

合理分工，挖掘潜在的爆款素材。

定版定格

统一账号标签，保持风格一致。

鼓励创意自由，不对不同账号设置限制。

分发规则

在起号期，每天至少发布不少于 3 条内容。有 10 万名粉丝后，进入平稳期，每天至少发布 1 条内容。

混剪技巧

运用多素材拼接和巧妙混剪，更换音乐和音效，增强内容的视觉吸引力。

爆款吸粉

利用热门内容吸引流量，进行改编和二次创作。

账号优化

隐藏点赞数低的内容，突出展示高质量内容。

数据复盘

对播放量高的优质内容进行深度数据复盘。

增强效率

制定视频剪辑标准化操作流程（SOP），共享视频分段工程文件，提升团队运营效率。

友者生存 4：为全世界加分

矩阵运营中需避免的常见误区

避坑指南

查重、特效与授权

问题：防止使用重复内容、特效雷同，确保所有素材有合法授权。

解决方案：定期进行账号检测，对需要改进的作品进行优化，并适时隐藏。

重复剪辑

问题：避免在矩阵中过度重复使用相似的剪辑风格，以免影响审核通过率。

解决方案：保持剪辑风格的多样性，通过更换背景、音乐、特效等方式，以及安排不同剪辑人员，为每个账号打造独特性。

深度理解内容后，再混合剪辑

问题：初期避免盲目混合剪辑，因为不同内容的呈现形式不一样。

解决方案：使用话题和内容契合的呈现形式，借鉴爆款内容，进行优化。

逐句稿的打磨

问题：使用未经仔细打磨的逐句稿，可能影响内容的质量。

解决方案：利用飞书妙记导出稿件后，仔细检查并完善每一句话，确保内容自然流畅。

同类话题集中拍摄

问题：避免在短时间内集中拍摄相似话题，以免引起观众审美疲劳。

解决方案：编导和摄像应根据 IP 的日程表，灵活更换拍摄场景。

内容储备与应急发布

问题：缺少内容储备，导致在矩阵爆发时无法迅速响应。

解决方案：保持一定量的内容储备，特别是在各大节假日期间的流量高峰有内容可发。

多 IP 进行孵化

问题：依赖单一 IP，风险过高。

解决方案：同时孵化多个 IP，通过竞争筛选出表现最突出的 IP，并集中资源投入。

手机切换不同 IP

问题：在一个手机上频繁切换不同 IP，增加违规风险。

解决方案：每个 IP 固定使用一台手机，做好虚拟资产统计，避免混淆。

矩阵号启动与变现策略

问题：启动多个矩阵号时，缺乏清晰的变现计划，可能导致亏损。

解决方案：在启动前，充分思考 IP 的变现路径，确保运营策略与盈利模式相匹配。

内容发布与优化策略

关键字：优化利用视频中的高频关键字、声音和画面，为内容打上标签。

推广策略：对于最新发布的优质或高流量作品，可以考虑使用dou＋进行12～24小时的推广。

互动提升流量：新号发布内容后，可以通过大号点赞、评论和转发来增加曝光率。

标题策略：若对于视频文案标题没有头绪，可以提取内容核心关键词，参考全网相关热点文章标题或者借助专业数据分析工具，如飞瓜、蝉妈妈、抖查查、考古加等来优化。

导流技巧：小号开播时，可以利用大号连麦来导流，同时帮助打标签和增加粉丝。

审核雷区与规避策略

视频审核

发布时机：选择在深夜或清晨发布，这些时段的审核相对宽松。

避免二次修改：尽量在初次剪辑时确保内容无须二次修改，避免多次修改导致审核不通过。

敏感词筛选：规避敏感词汇，以免被平台限制流量。

直播审核

机审关键字：注意避免类目行业的违禁词和屏蔽关键字，降低机审风险。

人审注意事项：避免在直播中被举报，注意言辞，避免给人审留下不良印象。

巡审严谨性：在直播过程中，保持高度警觉，以防被严格巡审误判。

半无人直播的特别提示

内容质量：避免包含可能严重影响用户体验或扰乱平台秩序的内容，如使用过多预先录制的无互动内容，以及重复讲解相同信息等。

解决方案：采取小号连麦或定期更换绿幕背景等方式来增加互动性和多样性。

以上策略和规避方法是基于大量实践总结出来的。如有需要进一步交流具体操作技巧，请随时与我联系。

矩阵的经典案例

值得参考的博主：

视频矩阵：樊登、周文强、参哥、张琦、章义伍、郑翔洲、王岑。

半无人直播矩阵：张琦、王纪琼、石芳家庭教育、宗春山、清风。

教育店播：英语雪梨老师、小学数学张老师。

通过矩阵运营，你将不再受限于单一账号，通过在多个平台上建立和维护多个账号，形成一个相互关联的矩阵网络，从而实现品牌或个人在互联网上的广泛曝光和流量获取。

友者生存4：为全世界加分

让我们拥抱新的学习模式，构建我们的思维框架，和孩子们一同成长，一同走向更加美好的未来。

做一名面向未来的教育者

■ 徐小婉

担任过19年初中一线教师、10年班主任
青春期养育教练
女性疗愈赋能成长导师

做一名面向未来的教育者

当我敲下这些文字时，内心汹涌澎湃。经历了漫长的征程，我积累了18年的一线教学工作经验、10年的班主任任职经验，还有数不清的自费学习经历。截至2023年11月底，我的内心变得无比坚定，我知道自己未来的使命——致力于面向未来的教育。

我是最愿意自掏腰包学习的老师，至少在我认识的所有同行里面，鲜少有人和我一样，敢于不断投资自己，增加知识储备。我曾经和女儿开玩笑说："妈妈太喜欢上补习班了，花光了你的补习费，让你都没有机会上补习班了。"

为什么一个拥有稳定工作的人还要不断地付费学习呢？让我先讲一个故事。

记得在我上小学时，我是经常见不到父亲的。我早上上学时，他还没起床，晚上我都睡觉了，他还没有回家，他总是很忙。然而，在我即将步入初中的那个暑假，父母所在的工厂宣布破产，他们成了那个时代的"下岗工人"。那个时候，我还小，并不清楚这对我们家意味着什么。慢慢地，我注意到以前经常难以见到的父亲，现在倒是经常在家。他尝试过很多工作，却因缺乏一技之长且好面子，没有一份工作能够长久地做下去。后来，家里的主要经济来源就是妈妈没日没夜地为人做衣服。我还记得，我读高三那一年，有一天，父亲哽咽着对我说："你要不就别考大学了，先出去打工吧，这样能支持你姐姐的学业。"那时，姐姐已经读大二了。可想而知，家里是到了怎样艰难的地步，父亲才会对我说出这样的话。最终，我们达成了一个协议：如果考不上本科，我就出去打工。幸好，命运还是眷顾着我，我考上了本科，并通过贷款完成了四年的师范教育。

从父亲的故事中，我得出一个教训：他当初因为有了一个"铁饭碗"而停止了前进的脚步,满足于现状,没有任何的危机意识,没有考虑过如果失去这份工作,自己还能做什么。我还观察到他不善于调整自己的情绪,在经历了下岗的大挫折后,充满了负能量,无法振作起来投入新的工作。这场家庭变故发生在我读 6 年级的时候,于是,我的成长之路充满了痛苦和沉重的负担。

人们常说,每一段经历都有价值。正是这样的成长经历,让我形成了一种价值观:**不管从事何种职业,一定要有忧患意识,不能"躺平"**。当我拥有一个"铁饭碗"的时候,我依然保持警醒,不断追求自我提升。这或许就是古人常说的"祸兮福之所倚"。

大学毕业后,我很顺利地进入了我们那座小城的一所重点中学,那是我们当地最好的学校之一。我记得那个时候,还有一位阿姨问我妈妈:"你们背后花了多少钱啊?"我们家根本就没有钱去走后门,我能够通过考试进入这所学校实属不易。但对于这样一个来之不易的机会,我却选择了放弃。为了和家里人离得更近,也为了让女儿能够在更好的教育环境中成长,我坚决地辞掉了有编制的工作。当时,很多同事都不理解我的做法,纷纷劝我不要那么冲动,提醒我这个"铁饭碗"是多么的来之不易。但是,"铁饭碗"难道真的一辈子都是"铁饭碗"吗?多年之后,我除了有这个"铁饭碗",我还会有什么成就呢?这一次,我似乎不单单是因为父亲的经历而有所启发,而是对自己的人生进行了更多的思考:关于未来,关于我想要成为的人,关于我想要做的事情……

回顾当初的选择,我感到庆幸和自豪。**所谓的稳定工作其实很容易消磨掉一个人的热情和动力,将一个热血青年变成一个苟且度日的"老人"**。当然,我并非贬低或指责他人的选择。我只是在思考,如果当初我没有离开，现在的我或许正在过着安逸但无趣的生活，那绝对不是我想要的生活和未来。

来到大城市之后，我的学习不再局限于书本，而是有了更多机会接触其他的课程，我也由此走上了付费学习之路。寒暑假的时候，别人都到处去玩，我却奔波在各个城市去上课，我上过亲子沟通、教师效能训练、青少年成长、职业生涯规划、情绪教练、PBL项目式学习课程……我学的内容看似杂乱无章，但其实经过一番梳理，我发现各个领域的知识是相互联系的，底层逻辑是相通的。我犹如被武林高手打通了任督二脉一般，成为一个十分善于学习的人。我所学的亲子沟通课程，对我的教学方式也带来了一些启发，我将课程中的"做中学"理念应用到教学实践中，发现教学效果显著提升。

实践是学习的最佳途径。我将所学应用于学校的工作，提升了工作效率和幸福感，同时也促进了学生思维能力的提升，甚至，我发现自己的创意越来越多了。真的不敢想象，以前我对自己的评价是无趣且毫无新意，但是随着学习的不断深入，我的视野开阔了，想法丰富了，对自己也越来越有信心了。

我还记得和学生在课堂上讨论AI智能时，一个学生问我："老师，你会不会被AI取代？"我很肯定地告诉他："我不会，因为我是一名终身学习者。"随着时代的变迁，我会持续学习，关注并参与最前沿的教育教学改革。例如，在华南师范大学王红教授的"输出为本"教学改革项目中，我就是第一批参与者。同时，我会将所学知识逐步运用到实践中，也通过各种讲座和工作坊来巩固和传播所学的知识。一个终身的学习者，就像拥有一件面向未来的"护身铠甲"，又怎么会害怕AI时代的到来呢？

当然，最有意义的是，我找到了自己的人生价值和未来方向：**我渴望将面向未来的教育带给所有的有缘人。**

10 年的学习之路，虽然忙碌而紧张，我也用学到的方法陪伴着女儿的成长。经常有人问我，你是怎么能做到这一切的，还保持着如此良好的状态。是的，这就是学习赋予我的力量：我活成了很多人羡慕的样子，拥有了一种自在的生活状态，内心稳定且充实。我的女儿也成长为一个自觉主动、能对自己负责的青少年。

当我由内而外地感受到更多的喜悦和自在时，我很想将我所学的知识分享给大家。我很希望有更多的父母能主动学习，青少年们能探索自我，找到自己的方向和目标，我也衷心希望更多的家庭能够幸福美满。

有一个朋友曾问我："如果没有人报名你的课程，你还会坚持下去吗？"

我毫不犹豫地回答："我会。"

是的，成为一名面向未来的教育者是我的使命。

我是一个长期主义者，当下的困境不会击垮我，因为我内心的声音无比坚定，我知道我现在做的事情很有价值。

不论是为家长开设的课程，还是为青少年设计的课程，我带给大家的都是面向未来的教育。

我们传统的教学模式正逐渐与发展的时代脱节，AI 技术的出现并广泛应用于各个领域已经在为我们敲响警钟了。那么，什么样的学习者才能掌握真正面向未来的能力呢？其实，我国教育部早在 2015 年就提出了"核心素养"的概念，这也是在提醒我们教育的核心应是提升学习者的素养与能力，而非仅仅成为知识的传递者。在信息爆炸的时代，学习者想要获取知识实在是太简单了，又何必依赖于老师的引领呢？

知识本身的价值有限，真正有价值的东西是将知识应用于实际生活之中。然而，照着传统教育模式培养出来的大学生已经很难适应新时代企业的需求了，很多企业的老板都表示，即使提高了招聘门槛，依然很难选拔到合适的人才。作为一名在一线教学的老师，我看到了许多孩子的兴趣爱好被抹杀，对学习失去热情，陷入一种疲于应对的状态，根本不知道自己需要什么。许多父母还一直固守着"现在辛苦一点，考上一个好大学就轻松了"的思想观念，这也难怪那些孩子就算考上重点大学，也不具备实际工作所需的能力。

一个孩子面向未来的素养与能力并不是看这个孩子能背诵多少首诗歌，或是能做对多少道数学压轴题，而是看他是否拥有稳定的内在品质、自发的内驱力、良好的沟通合作能力以及创新的思维能力，显然，传统的教育模式已经不能满足未来社会的需求。不论是成年人的学习，还是孩子的教育，都是同样的道理。

面向未来的学习方式应当鼓励学习者主动探索，并助力他们提升核心素养与能力。这种学习方式能让学习者在真实的场景中解决实际问题，跨越学校的围墙，深入社会，理解时代。在这个过程当中，我们点燃他们对学习的热情，激发他们的内在驱动力，帮助他们构建稳定的内在世界，并学会与人沟通合作，掌握解决真实问题的能力。优秀的学习模式可以引领孩子们在不断的学习实践中培养高阶思维，培养面向未来的核心素养与能力。如果孩子能沿着这样的路径成长，我们难道还怕他们无法适应未来的世界吗？

教育不是灌满一桶水，而是要点燃每个人心中的火焰。关注每一个个体，助力他们发现自我、成就自我，始终是我努力的方向。

未来已来，朋友们，你还要让自己停留在陈旧的学习模式当中吗？作为一个成年学习者，我通过学习改变了自己，成就了自己。如果我可以，那么你也一定可以，我们的孩子同样可以。让我们拥抱新的学习模式，构建我们的思维框架，和孩子们一同成长，一同走向更加美好的未来。

  我，是一名面向未来的教育者！

> 创业者的勇气和心力就像一双隐形的翅膀,帮助我们在风雨中飞翔,让我们在困境中重生。

从 0 到 1:设计人的创业之路

■ 张丹娜

如愿空间设计创始人
终身学习的实干家
室内设计师教练

友者生存 4：为全世界加分

我是张丹娜，一位在设计与创新领域耕耘了二十多年的创业者。我想和大家分享一个关于素人创业的故事。每个人都有自己的梦想，我们怀揣着梦想，追求各自的人生价值。梦想是我们前行的动力，赋予我们改变自己和世界的力量。实现梦想需要耐心、决心和不懈的努力。**在这个充满挑战和机遇的时代，不论我们的背景、身份或地位如何，只要拥有勇气、决心和开拓精神，我们就有机会将梦想变为现实。**

小时候的我，并不懂"设计"这个概念，就是喜爱涂涂画画，对变美的事情有着浓厚的兴趣。我喜欢让事物变得更漂亮、更实用，总是在脑海中构思如何装饰我的房间。我的父亲是一名机械加工技术人员，他用自己的双手创造了许多高精度的产品。他的技艺让我深受启发，我开始尝试用画笔和纸将脑海中那些想象的效果呈现出来。

大学时，我选择了环境艺术设计（室内设计）专业。毕业后，我来到了深圳——这座充满活力和创新精神的年轻城市，它吸引了无数年轻人前来追梦。如今，我已在深圳奋斗了二十多个年头，我用自己的努力和汗水书写了不平凡的奋斗篇章。

初来乍到

2003 年，作为一名三流大学的毕业生，我来到了深圳。那时，我怀揣着梦想，渴望在这座城市里找到自己的立足之地。然而，现实并非一帆风顺。我做第一份实习工作时，只能暂住在车库。实习期结束后，我搬到了白石洲城中村握手楼，设计人初入社会的薪资十分微薄，为了省钱，我没买任何家具，就连二手市场的家具都舍不得买，我仅仅买了一张凉席当床。这段经历让我深刻体会到了生活的艰辛，但我并没有觉得苦,反而更加坚定了在深圳扎根的决心。

没有闪耀的起点,就带着阳光般的心态去面对挑战。

跌跌撞撞的成长

初期为了生存而选择从业方向,我便在设计应用领域选择了科技公司,加入了一家数字电视行业的领军上市企业,担任 UI 设计师。室内设计专业毕业的我是如何获得这份工作的呢?2003 年,国内 UI 设计还处于起步阶段,科技公司很难招到专业对口的 UI 设计人才,因此接受非对口专业的设计新生,但在专业基础及专业工具应用方面的要求也不低,还需要具备设计创新思维。幸运的是这些我都具备,这得益于我在学生时期打下的扎实基础。

凭借着对工作的热情和不断学习的精神,我很快就得到了领导的认可。恰逢数字电视行业的高速发展期,我在第一家公司工作仅 7 个月,就被直属领导带到一家港资上市公司工作,薪资直接翻倍,这也是我的第二份工作,我在这家公司工作了 5 年。然而,2008 年,公司遭遇了金融危机,不得不关闭国内分公司,我也经历了人生第一次失业。这次经历让我深切感受到个人与世界的紧密联系,也认识到了职场的不稳定性,从而更加珍惜每一次的工作机会。

在科技公司耕耘十年后,我进行了自我反思。虽然在这十年里,我的收入较为稳定,但内心缺乏真正的喜悦,没有实现自我价值。因此,我决定放下已有成就,回归室内设计行业,从基层做起,月薪仅有先前的三分之一。然而,在我全身心地投入当下工作后,仅用三个月的时间就晋升为商务总监,薪资也翻倍了,我用实际行动证明了行动胜于言语。

然而，好景不长。2018 年，我所在的公司破产了，全国近 300 家公司一夜之间倒闭。这真是十年一轮回，我第二次面临失业。

那些能经受狂风暴雨洗礼的树苗，才能深深扎根，最终成长为参天大树。

有了成就后的思考

经历了事业的起起伏伏后，我在 2019 年加入了国内家装行业首家上市龙头企业，负责设计部的管理工作。在没人、没资源的情况下，我想尽一切办法解决问题，通过自己的努力和辛勤的汗水，将部门业绩从垫底提升到了分公司首位，为公司创造了可观的价值。然而，就在我即将登上领奖台的时候，我的身体出了意外，医生强烈要求我马上住院治疗，不能离开医院。那一刻，我感到非常的沮丧，这可是我期待已久的时刻，却没法亲自领奖。不过，这次挫折也让我更加珍惜自己的健康和生命，并进一步坚定了我对事业的追求和信念。

走上创业之路

在 2022 年，我选择重新出发，立志为满足国人对室内设计的需要，贡献自己的力量，帮助那些在空间环境中寻求情绪价值及文化价值的人打造心灵的居所。我希望成立一家以"设计向善"为理念的公司，影响更多的设计人。因此，我创立了室内设计公司——如愿空间设计。

在全球经济下行和地产红利缩小的时期，我毅然选择了逆风而行，这条路注定充满艰辛。最初，公司只有 3 个人，为了节约成本，装修工作我都是亲力亲为。由于设计版权问题，我不能用曾经的作品进行互联网宣传，这让我们在获取流量上遇到了瓶颈。解决这个问题的关键就是迅速获得作品，所以我白天外出开拓渠道，晚上加班设计，每天至少工作 15 个小时，每晚辗转反侧，夜不能寐。然而，这样的努力并未立即见效，公司运营半年下来，仍以亏损收场。

这样的局面自然引起了合伙人的波动。在年终会议上，我们讨论了公司是否要继续运营的问题，其中一位合伙人果然选择退出，我和另一位小伙伴选择坚持下去。2023 年初，我们再次投入资金。幸运的是，到了 6 月，我们的业务有了起色，正反馈是会给人信心的，我坚信未来是专业主义者的战场，国内的设计环境会越来越好。至于创业之路的未来如何，我也不想去猜想，只想做好当下，将一切交给时间，我要做的就是保持良好的心态。

在探索工作和生活的道路上，我认为关键不在于"术"，而在于"道"。这个"道"，指的是我们的"心"，就是我们的底层思维系统。我非常喜欢王阳明先生的名言："事上磨、心上修、尘中炼。"**只有通过不断的磨炼和实践，我们才能真正掌握知识和技能；只有用心去感受和理解，我们才能真正懂得人生的真谛；只有追求真理和良知，我们才能真正成为有价值的人。这正是创业的真正意义所在。**

创业心得

回首这二十多年的风雨历程，我深深地感受到我们身处一个充满变革和机遇的时代，我们每一个人都是这个时代的见证者和参与者。我深感荣幸能够在这个时代里用自己的双手和智慧去创造、去改变、去实现自己的梦想。**我想对所有正在创业或者有创业梦想的朋友们**

说，无论你的梦想是什么，无论前路如何曲折，只要你心中有信念、充满热爱和勇气，你就可以实现你的梦想。**创业是一场马拉松，而不是短跑，它需要我们有持久的耐力和坚定的决心**。在这个过程中，我们可能会遇到困难，可能会经历失败，但只要我们坚持下去，就一定能够看到曙光。

同时，我也想对那些还在观望、犹豫不决的朋友说，不要害怕失败，不要害怕困难。失败是成长的阶梯，是我们学习的宝贵机会。只要我们敢于尝试，勇于创新，就一定能够找到属于我们自己的道路。

最后，我想强调，**创业是一场旅行，它让我们看到世界的广阔和多元**。在这个过程中，我们不仅会收获成功和成就，更会收获成长和感悟。让我们一起在创业的道路上，感受这个世界的美好，共同实现我们的梦想！

结束语

当大家谈论创业时，我们常常聚焦于产品、市场、团队和资金等要素，然而，在我看来，有两样无形的资产往往成为决定创业成功与否的关键——那就是勇气与心力。

勇气，是创业者出发的起点。它是对未知的探索，是对挑战的迎战，是在人群中站出来说，"我有一个梦想"的胆识。没有勇气，我们无法迈出改变现状的第一步；没有勇气，我们就没有在困境中逆流而上的决心。勇气让我们敢于面对失败，敢于承担责任，敢于追求真实的自我。

心力，是创业者持久的动力。创业从来不是一件容易的事，一路上充满了困难和挫折，甚至有时会让人感到绝望。但正是坚强的意志力,让我们在跌倒后一次次重新站起来,继续前进;正是深厚的心力,让我们在逆境中坚持不懈,寻找解决方案;正是这份坚持,让我们在漫长的黑夜中等待黎明的到来。

创业者的勇气和心力就像一双隐形的翅膀,帮助我们在风雨中飞翔,让我们在困境中重生。它们是我们内心的力量,也是推动我们前进的动力。在这个充满挑战和机遇的时代,让我们带着勇气和心力,去创造属于自己的精彩未来吧!

> 每个生命都是独特的存在,每个生命都用独特的方式为这个世界服务,贡献自己的价值。

友者生存4:为全世界加分

重新定义你的人生

■ 陈妍凝

转折点教练

ICF 国际认证大师级教练(MCC)

ICF 国际专业教练资深课程导师和督导

在漫长的人生旅程中,每个人都会遇到几次关键性的转折。如何在关键转折点上,重新定义自己的人生,是一次至关重要的冒险。这就仿佛站在一张等待被填充的画布前,站在无限可能的边缘,内心充满了探索未知的勇气。或许,重新定义人生的契机源于深沉的自省,抑或来自追逐内心真实的渴望。

灵魂三问的探索

小的时候,我对"灵魂三问"充满了好奇——**"我是谁?我为什么而来?我要去哪里?"**

我问妈妈,妈妈说我是她的女儿,我从她的身体中来,有一天我也会像先人一样归于尘土。虽然妈妈告诉了我答案,但我对这个答案并不满意。

直到上小学二年级的某一天,我在某个街边的杂志摊上随手翻到了一本《飞碟探索》杂志,里面关于 UFO 的相关报道引起了我浓厚的兴趣。我对这些报道深信不疑,就好像它们是我亲身经历的事情。我把每个月的零花钱中的一部分用来订购《飞碟探索》和《奥秘》这两种杂志,试图从里面找到"灵魂三问"的答案;另一部分零花钱,我一直存到小学四年级,直到在一份报纸上看到一个销售天文望远镜的广告,于是我花了 200 元买了一个,希望自己能够通过它发现更多宇宙的真相。经过一番探索,我对"灵魂三问"似乎有了比母亲给我的答案更让我满意的回答:我认为自己是一个外星人,虽然我不知道自己为什么而来,但我要想办法回到自己的星球,因为那里有我真正的家人。

这个答案直到 2018 年又有了变化。那是在一次飞往云南的出差途中，飞机突然遭遇了剧烈的气流颠簸，当时听着飞机内的嘈杂声与尖叫声，我紧靠背椅，闭上眼睛，平静地问自己一个问题："假如现在就是我生命的最后一刻，我可以做什么？"脑海中很快闪现了我这一世最亲的人——我的父母和孩子，但接下来进入我脑海的画面就停留在那里了——我仿佛看到了森林、瀑布、沙漠、冰川、海洋等壮观的自然景象，它们同时出现在同一个画面中。我被地球的美丽震撼了，我忽然意识到原来自己如此深爱着这个星球。在那个当下，我的眼眶湿润了。我睁开了眼睛，看着窗外若隐若现的地貌，我在心里对地球母亲说："谢谢你，地球母亲。我爱你，地球母亲。在我未来的日子里，我会践行对你的爱！"

对地球的爱唤醒了我对她的承诺——我是来守护她的，我不是被送来这里的，我也不需要回到所谓的外星球。我自愿选择来这里，因为我如此深爱着这个星球，并相信地球上的每一个生命都和我一样，与地球有着很深的联系和爱，但这份爱需要被唤醒。那如何唤醒这份爱呢？探索内心的深处，就有那条通往答案的路径。

现在，我对"灵魂三问"有了更清晰的认识。

我是谁？——我是一个热爱地球的修行者。

我为什么而来？——我为了唤起更多人对地球的热爱而来。

我要去哪里？——我要前往一个比我刚来时层次更高的地方。

发现路径

维克多·弗兰克尔曾说，我们并非创造了使命，而是发现它。那么，使命是什么？使命就是你选择用何种方式实现生命意图的过程。它隐藏在你的人生经历之中，隐匿于那些尚未被唤醒的渴望之内。

在教练的哲学中，每个生命都是独特的存在，每个生命都用独特的方式为这个世界服务，贡献自己的价值。这种贡献可以很大，大到跨越时空，我们把这样的贡献称为传承。例如，米尔顿·埃里克森用最朴实的方法建立了新一代的催眠体系，身体力行地证明了每个人都是足够好的。稻盛和夫将禅的精神引入商业领域，展示了超凡脱俗的思维如何在复杂的商业逻辑中得以应用。莫扎特则将自己的音乐天赋凝聚在每一部作品中，让它们世代流传下去。

贡献也可以是微小的，小到只要把热爱的事情做好，做到极致。比如被誉为"寿司之神"的人物，或者任何一个在自己岗位上尽职尽责的人。

十年前，我开始学习教练课程，当时我正处在生命的低谷期——我当时的先生不仅在我孕期出轨，转移财产，甚至雇佣律师团队向我频频施压。当时，我一边安抚情绪崩溃的幼子，一边感到万分绝望。在遇到生命转折之际，教练最强有力的提问——"你真正想要的是什么？"——让我找到了答案：我想要像个孤勇者一样，担负起生命之重，继续前行。当时的我，犹如一只在电闪雷鸣、风雨交加中飞翔的鸟，用张开的羽翼守护着我的父母和孩子。

在学习教练课程的几年里，我一直在用教练的方式自我探索，也服务他人。2017年，我正式踏上培养国际专业教练的导师之路。2018年，我完全确认了，教练正是通往我生命意图的那条路径。

所以说，**生命中的每一步没有巧合，一切都是精妙的安排**。也许有一天，你会和我一样，发现自己走的那条路，正在通往你的生命意图。生命中的每一次遇见，无论是人还是事，都是为了让我们看见——看见自己是谁，看见自己将走向何方。

重塑生命

每个人在一生中都难免遇到挑战和艰难时刻,比如创业的失败、伴侣的背叛、亲人的离世或重疾的打击等。在教练的哲学中,所有这些经历都被视为生命的转折点,也就是个人重塑自我的机会。

我用了整整七年的时间,才在婚姻破裂后完成了自我重建。我深度体验了库伯尔·罗斯描述的心理变化曲线:从否认、愤怒、挣扎,到绝望,最终接受。或许是吸引力法则的作用,除了企业教练的客户外,许多来找我寻求生命教练帮助的客户通常都处在他们人生的转折点上。在他们身上,我见证了生命色彩的变化,从暗灰色逐渐变成鲜艳的色彩。

我曾服务过一位女士,她经朋友介绍找到了我。她曾身陷一段备受压迫的婚姻,并且长期遭受婆家的辱骂和欺凌。无论她做什么,婆家都对她不满意,她的丈夫总是偏袒自己的母亲,或是选择逃避。在这样的家庭环境下,她的孩子变得焦躁敏感且具有攻击性。生完二胎后,她毅然决定离婚。

我第一次见她的时候,她瘦弱得让人心疼,仿佛一阵风就能够把她吹倒。她面带忧郁,身体微微颤抖,就像一只受到惊吓的小鸟。以下是在客户同意的情况下,我摘录了一小段和她的对话。

客户:"我真不知道该怎么办,我现在是一个带着两个孩子的单身妈妈。因为是我提出离婚的,他们让我净身出户,没有给我们任何支持。我觉得自己既没有退路,也看不到未来,我陷入了困境,我真的不知道该如何是好!"

教练:"陷入这种困境的感觉,能描述一下吗?"

客户:"就像走进了一片黑色的森林,到处都是野兽的叫声。我不知道该怎么办,我很害怕。"

教练:"那是什么让你走进了这片黑暗的森林?"

客户:"是愤怒!长期被压抑的愤怒!"

教练:"你能在身体的哪个部位感受到这种愤怒?"

客户:"胸口!"

教练:"胸口的感觉是什么样的?"

客户:"有一种发热的感觉,就像热锅上的蚂蚁在爬,就好像有一团火在燃烧。"

教练:"你认为这团火想要烧掉什么?"

客户:"它要烧掉我所有的退路,烧掉所有憋屈的过往!"

教练:"还有其他的吗?"

客户:"它还要烧掉我对未来的恐惧和不确定性!"

教练:"假如这团火真的可以烧掉这一切,对你会有什么影响?"

客户:"它会让我拥有更大的勇气和担当,去面对不确定的未来。"

教练:"当你说到勇气和担当时,你的能量和刚才比,好像不太一样。"

客户:"对,我也感受到了。我的胸口不再有那种热锅上的蚂蚁在爬的感觉了。"

教练:"那现在是什么感觉?"

客户:"是充满勇气和担当的感觉。"

教练:"这种勇气和担当,对那个处在黑暗森林中的你意味着什么?"

客户:"意味着光明。"

教练:"什么样的光明?"

客户:"火光。就像我举着一个火炬走在森林里,虽然我还能听见那些野兽的叫声,但我不害怕了。因为我知道有火炬在,它们不敢靠近我。"

教练:"这火光和刚才的愤怒之火有什么联系?"

客户:"哈哈,它们其实就是同一团火,当愤怒把所有该烧的都烧掉后,它就转化成了照亮我前行道路的火炬。"

教练:"哇,这个转化是怎么发生的?"

客户:"就是当我意识到这个火是可以变化的,它是来帮助我的。我曾经试图压制它,我以前没有意识到它的力量。"

这段对话展示了我如何用教练的方式去支持客户进行内在生命的转化和成长。

国际教练联合会(ICF)将教练定位为与客户建立伙伴关系,通过激发思考和创造力,激励客户在个人及职业领域最大限度地发掘潜能。

教练之所以有用,是因为那份深深的信任——相信每个人都本自具足。**教练的陪伴可以将失败转化为学习的机会,将无助转化为力量,将迷茫转化为清晰**。若以电影《瞬息全宇宙》的视角来诠释教练的定义,教练就如同支持他人在无数平行宇宙中,寻找并"下载"最好版本的自己。

因此,无论你今天身处何种境地,你都有选择权,你可以选择成为哪个版本的自己,经由教练式的提问,逐步"下载"那个理想的自我。

总结

生命其实就是一个探寻的过程,没有对错,只有早晚。我们通过"灵魂三问",来定义我们的人生。在生命的每一个转折时期,无论是高峰还是低谷,我们都会获得重新定义自己人生的机会。

那么,今天的你,将如何定义你的人生?你又会如何宣告你的使命?

最后,我用一句使命宣言来结束本文。

我宣告:作为转折点教练,我会支持每一个想要在生命转折期重新定义自己人生的个体,去全然地绽放自己的生命。

> 初次拜访的核心是给客户留下干练、靠谱与专业的印象，只有这样，你才能创造后续与客户深入沟通的机会。

从"学渣"到"上市公司顾问"，我如何逆袭突破？

■ 周老帅

CMC 国际注册管理咨询师
项目招商路演系统突破教练
多家上市公司营销增长顾问

从"学渣"到"上市公司顾问",我如何逆袭突破?

你好,我是周老师,本名周越,是一名国际注册管理咨询师。我专注于企业战略增长咨询和培训领域已有 11 年之久,我培训的企业家超过 3000 位,累计辅导 300 余家企业,助力它们实现业绩增长 33‰~2600‰。

人们对我的印象,通常可以分为三个阶段。

始于距离:初次见面,许多人会被我的"刚毅脸"误导,认为我不好接近。实际上,本人曾是散打国家二级运动员,通过中国武术五段考核,因为经常要参与实战,我的眼神、表情经过专业训练,所以给人一种凶神恶煞的感觉。

陷于交流:一旦开始和我交流,人们会感到如沐春风,相见恨晚。企业问题多如牛毛,我能迅速锁定核心问题,并提供解决方向与方法,因此,很多上市公司董事长和各行各业的企业创始人都愿意邀请我担任他们的顾问。

忠于实战:我聚焦于为企业战略增长提供咨询和培训。11 年来,我帮助企业进行战略定位、模式创新,以及打通营销的"最后一公里"。所谓"最后一公里"涵盖三个主要方面:一是销售流程的再造,批量训练销售铁军,确保销售团队的稳固与强大;二是渠道招商会销,快速扩大渠道网络,实现一对多的市场拓展;三是构建实战商学体系,为代理商与合作伙伴赋能,实现最佳实践在终端的复制和落地。所有这些,都是在不增加大成本的前提下,实现企业业绩的快速增长。

看到这里,你可能会问:"这跟我有什么关系?"

本质上,每个人都是自己人生的 CEO。无论是企业还是个人,战略定位与营销方法是适合所有人的话题。因此,我希望通过这篇文章,与你一起回顾我的心路历程。不论你是企业创始人、营销人员,还是超级个体,请花 10 分钟阅读与了解我的故事与核心方法论,相信一定会大有收获。

回顾我的前半生,是一条"学渣"逆袭的跌宕曲线

我出生在沂蒙山区的一个小村庄,母亲是一个只有小学文化的淳朴农民,父亲是军人出身,退伍后从教,成为一名小学老师。2020 年,父亲退休了,他的微信名字是"周老师"。父亲一直是我心目中的偶像!在那一年,我注册了"周老帅"的名字商标,立志要用一生的时间将"帅"字上面那一横给添上去。

我从小喜欢武术,一方面是出于对李小龙的崇拜,梦想着让中国功夫在全世界发扬光大,零花钱大部分用于购买关于李小龙截拳道的书籍;另一方面,我出生在一个以民风彪悍著称的小县城下的小镇,经历了古惑仔系列电影流行的年代,没有点功夫很容易被欺负。虽然我自学了点三脚猫功夫,但从来不欺负他人,而且特别痛恨仗势欺人之人,路见不平,就挺身而出,也因此经历过几次因主持正义而被地痞围攻的惊险时刻。所幸我得到了许多人的帮助,在曲折中长大。我要感谢母亲的淳朴善良,从小言传身教,教育我要为人正直,助人为乐!

家中 3 个孩子读书和生活的经济压力,主要压在了父亲一个人身上。作为乡村教师,他收入微薄,在寒暑假会做点大蒜代收购和代加工的小生意,因此我家在 20 世纪 90 年代成了当地的"万元户",家里装了电话、买了彩电。当时,整个镇上只有我家有电话和彩电,所以我家成了镇上的乡亲们跟在外的亲人朋友联络的据点,每天下午放学后,家中挤满了席地而坐的小朋友,一起看电视……1997 年,大

蒜市场暴跌，父亲合作的厂家老板跑路，我们因此欠下十几万元的巨额债务。我作为家中长子，深感父母的艰辛，也因为自己的学习成绩不佳而倍感压力，小学、初中、高中都留了一级。高中期间无数次想放弃学业去打工，以减轻父母的压力，所幸父亲坚决不同意我放弃学业，即使高考落榜，他以军人的刚毅和教师的执着，支持我复读。高三复读那年，我开始觉悟并全力以赴，最终以体育特长生身份考入华东交通大学。在大学期间，我当了四年班长和一年学生会主席，主修散打专项。经过无数次训练、实战和比赛，我获得了国家散打二级运动员称号以及中国武术五段的荣誉。当然，我也收获了满身的伤痕和坚定的意志。

　　大学毕业后，我踏入了社会，曾考过特警，也摆过地摊，从南方到北方，从北方到上海，我厌倦安逸的工作和一眼看到尽头的未来，于是放弃当时前景不错的房地产甲方核心岗位，回到山东老家闭关两个月，思考自己的人生方向。在那期间，我被母亲埋怨，她说我不如不上大学，还能早点结婚生子，然后就是持续被催婚。都说每个男人都有一个上海滩的梦，暴雨中登顶泰山后，我从沂蒙山区小村庄出发，怀揣 106 元钱落地上海。经历了无数个艰难的日子，食不果腹，夜不能寐，但我没有放弃，从一线销售员做起，历经几个行业的历练，最终我进入了教育培训行业。十年磨一剑，我从实业转向教育，从培训师成长为咨询师。我走遍全国，授课上千场，培养了数以万计的团队，上至世界 500 强企业，下至中小微企业，累计培训了 3000 多位来自全国各地各行业的企业家，辅导 300 多家企业实现了业绩从 33% 到 2600% 的增长。例如，我曾辅导一家世界五百强企业做网电融合新项目，一年后，团队规模扩张了 4 倍（从 2200 人增至 8800 人），业绩增长了 26 倍（从 6 亿元跃升至百亿元以上）；我曾辅导一家十亿级集团公司，在半年内训练了 400 多位全国沙龙销讲师，将他们从销售"小白"培养成上台成交率高达 86% 的沙龙讲师；还有一家在线教育品牌，我经过两年的辅导，帮助训练了超过 100 位全国沙龙销讲师，其业绩和利润实现了连续翻倍增长。由于我的训练与辅导方法实战性强、效果显著，我被学员称为"营销培训界的李小龙"！

实践出真知，我如何帮主板上市公司批量培养大客户销售高手？

许多人认为现在是短视频和直播的时代，做线下销售没有未来。很多人对销售有误解，那些在短视频和直播领域取得成功的人难道不是销售高手吗？所以说销售能力是每个人必须具备的底层能力。

销售模式主要分为 ToC、ToB 以及 ToG 三大类。接下来，我讲讲高难度的 ToB 大客户开发。这类业务具有以下几个典型特点：一是开发周期很长；二是竞争超级激烈；三是一旦签约，每年就有几百万上千万元甚至过亿元的大额订单；四是只要不出大问题，客户轻易不会更换供应商，后期轻松持续有收益。最难的是销售团队的培养，培养周期超长，能力复制尤为困难。

到底有没有一套方法论，可以快速批量培养销售团队呢？有问题就有解决方案，前提是我们能够找到问题的本质。以下是本人原创的方法论模型，希望对你有所帮助。

销售流程再造，需要使用六步复制模型。

第一步：拆解流程，设计教材

拆解 L2C（从线索到现金，Leads to Cash）关键环节，打造实战导向的销售教程。

第二步：三轮迭代，教材定案

结合一线实战场景与关键目标，对教材进行三轮迭代与优化定案。

第三步：封闭训练，实战演练

确保销售团队熟记教材，进行实战场景演练，才能将其灵活运用于实际场景。

第四步：激励驱动，打造标杆

通过激励，提升团队的战斗意志，打造标杆人物，激发老员工的潜力。

第五步：定期复盘，持续优化

复盘总结，查缺补漏，持续优化，强化实战效果。

第六步：批量培养，循环推动

全面培养销售铁军，形成良性循环，快速占领市场。

理论讲完了，接下来讲具体可操作的关键动作。我们都知道，万事开头难，大客户开发的第一步是拜访关键决策人，这也是最难的一步。以下是我为一家主板上市公司进行销售流程再造时的一小部分内容，我相信一定能为你带来启发和帮助。

初次拜访大客户的动作分解如下。

动作一：亮相

关键认知：在企业和个人业务中，差异化至关重要。避免千篇一律，力求与众不同，以此留下深刻印象。

关键动作：采取"先开门再敲门"的策略（绝大多数人都是先敲门，等有回应再开门，我们反其道而行之）。

场景应对策略：

（1）若办公室内有客人，应大大方方进门打招呼、握手并自报家门，随后礼貌退出。例如："王总好，我是××公司×区域×项目总监×××，您先忙，我在外面等候。"

（2）若客户正在通话，把门虚掩上，待通话结束后，重复开门敲门的动作。

（3）若客户没有客人，也没在通话，直接进入下一个动作。

动作二：入场

关键认知：初次拜访大客户的第一大忌是畏缩不前、没有气场，这会让你看起来像一个小角色。

关键动作：踏入办公室时，同步进行伸手、微笑、目光交流，自报家门，并稳步走向客户。

理由：

（1）气场拉满，但切忌趾高气扬。

（2）利用首因效应，你永远没有第二次机会给别人留下第一印象。

（3）满足客户的慕强心理，没有人愿意与看起来很弱的人合作。

（4）伸手就是鼓励对方起身与你握手。遵循中华传统礼仪，"来者是客"，最好的结果是客户走出办公区与你握手，这样就为扭转主场势能打下坚实基础。

动作三：简单破冰寒暄

关键认知：初次拜访大客户的第二大忌是硬套近乎，浪费对方时间。

关键动作：简单寒暄，言之有物，严禁超过两分钟。

动作四：扭转主场势能

关键认知：初次拜访大客户的第三大忌是坐在大客户办公桌正对面，原因有以下3个。

1. 能量严重不对等，你坐的位置是大客户下属的位置；
2. 面对面是一种谈判格局，双方内心是打不开的；
3. 潜意识暗示效应。大客户跟你沟通时，如果门在他的视线范围内，他在潜意识里会想走出去看看，或不自觉地想门外发生的事。

关键动作：简单寒暄后，用语言和肢体动作来带动。例如，"王总，我们这边聊吧？"同时用手指向沙发区或茶水区。

效果：这样可以让双方处于平等的位置进行交流，扭转对方的主场势能。同时，大客户通常会打开烧水开关，这样你就拥有充足的对话时间。如果你坐大客户的办公桌对面，往往会导致大客户以"有需要的话，以后会联系你"来结束对话，最后大概率是永不再见！

以上四个动作显著提升了销售团队的有效拜访率和二次拜访率，同时也有助于更精准地把握客户需求与建立信任。首次拜访大客户的核心目标不是立即促成合作，而是建立初步信任，挖掘需求，为后续拜访与邀约客户到我方主场打下基础。因此，初次拜访的核心是给客户留下干练、靠谱与专业的印象，只有这样，你才能创造后续与客户深入沟通的机会。

历时三个月,我们成功完成了结构化流程再造。通过两次三天两夜的封闭式训练,我们持续推动六步复制模型的落地实施,当年业绩和利润增幅同时创下公司成立三十多年以来的历史新高!

当然,我所分享的只是一小部分内容,总共有九大关键环节,相互串联,共同发挥作用。以上内容只是其中一个环节的一小部分,权当抛砖引玉,激发大家深入思考与总结复盘。如果您也是做大客户营销的企业品牌方或超级个体,有需要可联系我获取详细总纲。

展望未来,我为自己制定五年计划

展望未来,我为自己制定了未来五年的三个目标。

1. **为好产品代言,为好项目呐喊,为好企业倾注心力**!我计划培训并赋能 3000 家创新型企业,陪跑 600 家高潜力企业,实现持续增长,助力中国品牌崛起,引领行业发展。

2. **完善咨询培训体系,撰写并出版两本经得起时间考验的个人专著,在线上产生影响力,打造个人 IP,传播有价值的商业内容,赋能民营企业与超级个体的成长。**

3. **赋能 36 位有志于从事商业咨询的伙伴,毫无保留地分享我的经验与方法。**我将吸引并筛选更多合适的合作伙伴,联合更多靠谱的人才,共同实现更多可能,与他们共赢!

> 流水不争先，而求源源不断，只有严格控制法律风险，企业才能行稳致远。

流量 IP 的法律风险及"避坑指南"

■ 朱林月

民商法学硕士
擅长提供网红经纪、直播、短视频等领域的法律服务
专注于解决知识类主播的法律纠纷

风起于青萍之末,浪成于微澜之间。自 2016 年直播元年起,知识付费行业竞争愈发激烈,行业内部正经历着快速的发展与整合。在这场日益白热化的竞争中,国家监管力度不断增强,一旦在变现过程中触及法律的"红线",或者法律漏洞被他人发现并加以利用,轻则诉累缠身,重则财竭力尽。因此,直播内容缺乏合规审查、知识产权保护滞后、舆论和危机应急机制缺失等重大问题必须在追求变现之前解决。流水不争先,而求源源不断,只有严格控制法律风险,企业才能行稳致远。

账号启动期:拥抱流量前,不可不知的二三事

直播内容涉及的版权风险,你不知道的潜在隐患

在日常生活中,虽然我们对直播行为是否合规有基本的认识,但是对具体法律风险的把控并不全面。例如,直播间未经授权使用他人的版权音乐,可能侵犯权利人的信息网络传播权;未经许可,在直播间宣传页中使用版权字体,可能侵犯权利人版权作品的复制权;直播时,使用他人具有独创性的脚本或文案,也有可能侵犯原创作者的表演权和复制权。诸如此类的风险有很多,如果致力于在个人 IP 领域长期深耕,必须从账号启动期开始就稳扎稳打,重视对直播内容进行知识产权合规性审查,以免后期账号小有起色时,却因权利人的起诉而遭受不可估量的损失。

欠缺商标意识,名字成为不可言说之痛

2021 年,李子柒在微博上的一句"资本真是好手段",将 MCN

（多频道网络）机构与顶级网红之间的冲突公之于众，同时也为那些希望在个人 IP 变现道路上持久发力的人敲响了警钟。即使是像李子柒这样已经成为 IP 运营典范的顶级网红，在与 MCN 公司分道扬镳时，才赫然发现，公司已持有包含自己艺名在内的全品类的商标，且注册、控股了以"李子柒"命名的商品供应链企业和销售渠道。这不仅意味着李子柒当时的流量变现通道有可能被彻底堵死，更意味着即使想要重新开始，大概率也不能使用"李子柒"这一名称了。

有人可能会想，小主播应该就和商标保护没什么关系了吧？恰恰相反！

在流量时代，成名的不确定因素太多，等流量起来了，才想起来保护商标，恐怕为时已晚。一些靠囤积商标、商标交易赚钱的企业早就已经将抢注他人商标看成是一种获利方式或者勒索策略。一旦这些被抢注的商标的主人稍有名气，他们便会向平台投诉、给账号主体发律师函，要求主播支付费用以获得他们的授权，或者在谈判中索要数万至几十万元来购买该商标。否则，就会让主播辛苦运营的账号因为名称问题而遭受不可言说之痛！

账号归属不明，为他人做嫁衣

在个人 IP 变现的过程中，无论是选择依托机构，还是选择单打独斗，都需要围绕特定账号展开运营。账号的关注量就是运营结果的直接展现，更是账号商业价值的核心所在。在这个"唯流量论"的时代，谁掌握了有流量的账号，谁就掌握了变现的钥匙。

也正因如此，账号归属问题所引发的争议和诉讼屡见不鲜。主播选择加入 MCN 机构并与其签订经纪合约时，极易忽略其中有关账号归属的条款而导致解约后，账号被公司收回。那些自己成立团队运营账号的主播,若对账号归属不做事先安排,日后也同样可能面临不容忽视的法律风险。

面向未来:请务必提前做好知识产权布局

要有效规避知识产权法律风险,关键在于提前做好战略布局。简而言之,我国的知识产权法律保护体系可以概括为:《著作权法》保护内容创作,《专利法》保护技术创新,《商标法》保护品牌价值。对于主播行业,尤其是知识分享类主播,内容和品牌的保护尤为重要。以下是我对知识产权布局的一些建议。

商标注册先行一步

在开播前,请务必将直播间名称、主播个人名称进行商标注册。例如,新东方早在抖音直播间开播前,就已经将"东方甄选"进行了全类别的商标注册,从而在面对模仿者"东方绿选""西方甄选"等账号蹭热度时,就可以直接以不正当竞争为由提出诉讼。同样,为了确保董宇辉的个人流量稳定导入新东方,新东方已对其名字进行了商标注册。格力电器在孟羽童任职期间,为了防止他人抢注,也申请了多个与孟羽童相关的商标。

直播间独特的 Logo 或者富有美感的名字设计,提前进行美术作品登记

为了避免他人利用近似的 Logo 截取流量,可以向官方申请登记,明确设计完成时间和具体设计的内容,为日后可能发生的版权侵权提供证据。

提前明确账号归属

一旦账号拥有巨大的变现潜力,且事前归属约定不明,轻则诉累

缠身，重则财竭力尽。在司法实践中，法院在判断账号归属时，首先会考虑双方当事人在合同中有无约定，其次才会考虑其他因素。

建立完善的知识产权合规审查机制

合规审查不应只是表面文章，必须涵盖所有可能涉及知识产权的环节。同时，**随着法律的不断更新和市场环境的变化，对产出内容的知识产权风险进行持续监控。**

账号发展期：不同发展路径的法律风险筛查

独立运营：常见问题的风险防范策略

除了上文提到的风险点以外，选择独立运营账号时，还需要特别注意以下问题。

健全团队内部保密制度

对知识类主播来说，变现的核心就是信息。团队建设应当明确保密范围，要求所有工作人员签署保密协议并实行权限管理。同时，对重要信息进行加密和备份，建立信息传递规范和敏感信息监控机制等。

预防团队骨干成员流失

在组建团队时，为防止骨干人员被竞争对手"挖墙脚"，可通过设计股权激励制度、与骨干成员签订竞业禁止协议等方式，保护团队的商业机密和核心竞争力。

确保广告合规

知识类主播在宣传产品的过程中，一定要注意内容的合规性。不仅要避免使用极端表述、明确引证内容出处,还要遵守《广告法》第24条的规定,不得作出某些明示或者暗示的保证性承诺,也不能利用特定名义或者形象来推荐或证明广告效果。

直播内容不能违背社会主义核心价值观,不能出现敏感问题和词汇

2022年6月,国家广播电视总局、文化和旅游部联合发布《网络主播行为规范》,要求主播在出镜或者上传音频时,规范自身行为,否则可能引发一系列的公关危机,甚至需要承担相应的法律责任。

签约MCN机构,警惕暗藏的霸王条款

主播与MCN机构所选择的合作模式不同,因而遇到的法律风险也会不同。以下是我整理出的一些需要主播高度警惕的问题。

注意合同期限的合理性

合同期限不宜设置过长,以便在双方合作的信任基础动摇时,作为弱势一方的主播能够顺利摆脱合同的限制。有些MCN机构可能设置自动续约条款,如果主播在审查合同的过程中疏忽了该条款,就很有可能会丧失合同到期后续约的主动权和谈判空间。

警惕排他性条款

所谓排他性条款,是指在合同中约定主播与MCN机构之间的合作是独家的,不允许主播在合约期内与其他机构合作,也不得在其他平台开播。此条款结合合同中可能存在的合同期限和主播义务等条款,极有可能形成对主播的封闭式捆绑——必须长期按照合同要求履行义务且不允许其他变现途径,由此引发的后果就是一旦主播违反MCN机构的要求,后者就会将其"雪藏"。倘若主播违约,又将面临

高额违约金和漫长的诉讼过程。

关注争议解决方式

许多 MCN 机构在合同中规定，发生争议时，应由仲裁机构解决。仲裁机构通常实行一审终审制度且高度保密，加之仲裁费用较高，这可能对主播造成不利。同时，仲裁地点的选择也不受限于法律规定，很多公司在与主播签订协议时，会选择较为偏远的仲裁委。这就使得主播在维权时，面临更高的成本和难度。

警惕分成结算条款含糊不清

合同中应详细规定分成计算方式、支付流程、支付平台和结算标准等。如果合同中的规定不明确，或者双方仅存在口头约定，主播务必要提高警惕，因为只有白纸黑字的明确条款才具备法律效力。

规模化经营：不可忽视的舆论危机

舆论危机由律师团队来处理更为妥善。面对突发事件，快速识别并确认有证据支持的事实是关键。同时，对于可能发酵的事件，必须第一时间固定证据，并对数据和舆论动向进行实时监控，避免团队对突发的舆论危机毫无准备。以下是我整理的舆论危机处理的一般性策略。

快速调查并取得相关证据

必要时，进行证据保全，明确可证明事实的范围

若为不实、有害的舆论，及时向法院申请行为保全，有效遏制不实言论所带来的消极影响；若事件真实存在，尽快根据证据寻找与公众可能存在的共情点，形成有利于己方的价值判断。

有效利用媒体发声

积极提供详尽的事件信息。

借助律师函、律师声明和告知函

公开披露和谴责侵权行为，防止不实言论进一步扩散，起到震慑作用。

提起诉讼

无论选择何种形式的诉讼程序，都具有滞后性，最终的赔偿甚至难以弥补前期舆论发酵所带来的名誉损失。因此，在使用该方法维护自身合法权益时，需要与上述其他方法结合使用。

在主播个人形象与粉丝紧密相关的当下，处理舆论危机的关键点在于通过对公众情绪的影响，阻断负面评价的传播。因此，不能认为对外道歉就是软弱，而是要把所有的事实讲清楚、说明白，更不能强行说服公众理解主播。**应善用一切发声渠道，找到公众的情绪共鸣点，情理并重，快速作出有效回应，如此才能维护好声誉甚至逆势宣传。**

我专注于为知识主播提供专业的法律服务，深谙 MCN 机构、供应链的运作机制以及产品内容所涉及的知识产权风险，致力于为 IP 的长远变现提供全面的法律保护。

> 公司必须重视合规经营，从上到下树立合规意识，全面梳理系统性风险，并规范财务流程。

网红挣的钱能揣热乎吗？

■ 子阳

头部 IP 财务顾问

深耕个人 IP 财税、股权、团队激励

在 IP 有流量的同时，其收入情况不可避免地会受到监管机构的审视，大数据下无隐藏。

2021 年，税收监管新纪元开启，税务管理日趋严格，金税四期系统即将上线。在这一背景下，直播电商行业 IP、企业老板以及运营操盘手的收入增长迅猛，却频现税收问题，诸多头部 IP 因巨额补缴税款和罚款而陷入困境，引起整个直播电商行业的大震荡。一时间，从业者人心惶惶，许多小主播和网红主动自查税务情况并补交税款。

谈到税收，大家都很敏感，但面对这种巨变，每个 IP 都必须清楚日常运营如何确保合规性，以及在税务检查时应如何面对，把风险与损失降到最低。如果你读到这里还没离开，说明你是一位对自己有严格要求的人。

个人独资企业因其特定的性质和操作模式，容易成为税务审查的对象，以下是 11 个主要的涉税风险点。

有皮包公司嫌疑

没有足够的人员或者业务能力不足以支撑较大的业务量，存在皮包公司的嫌疑。

地址虚挂

没有实际经营地址和办公场所，多位于税收优惠园区，但并无实际办公活动。

目的不纯

当初成立个人独资企业的目的不纯，就是为了避税、洗钱或转换收入性质，如把劳务报酬所得转换为经营所得，以降低税负，这种避税方式过于简单粗暴，容易引起税务机关的注意。

挂名负责人

企业由挂名负责人代为管理，实则其仅为名义上的负责人，企业资金通过其个人账户流转。

形式主义

企业仅为虚开发票、套取资金而注册，根本没有实际业务内容和证据链支持，难以经受实质性审查。

注册多家企业

注册多家个人独资企业，以不同人员的名义操作，表面上是服务外包，实则没有实质业务。

转移利润

通过人为调整服务或商品定价，转移利润，以降低税负。

无证据链

虽然签订了合同，但缺乏服务成果等实质性证据，导致业务证据链不完整。

无价值融入

企业未能融入日常经营和产业价值链，缺乏合理的商业目的和战略定位。

开票返税

成立个人独资企业，仅为了开具发票，享受当地返税政策，一旦返税政策被取消，立刻注销企业。

转换收入

成立个人独资企业解决员工的高额工资绩效、股东的大额分红等问题，以转换收入的方式偷逃税款。

IP 财务一旦出了问题，IP 账号会受损，业务增收也会受到重创。 在 IP 财务合规方面，以下是一些重要的日常合规建议。

尊重与遵守税法

IP 达人应该深刻理解税法的重要性，并对其保持敬畏之心。应避免将公司资金直接转入个人账户,这样做不仅违反税法,而且可能导致严重的法律后果。依法纳税是每个公民和企业应尽的义务,IP本人要从内心接受法律法规对我们的要求,树立正确观念,同时了解和利用税法中规定的优惠政策,合法合规地减轻税收负担。

熟悉并遵守国家税务总局发布的政策

主动关注国家税务总局发布的最新税收政策,包括原有政策的调整和新政策的发布。2023年,针对小微企业和个体工商户的税收优惠政策发布,旨在减轻这些群体的税负,促使其成长壮大。

从2023年1月1日至2027年12月31日,对年应纳税所得额不超过200万元的个体工商户,其个人所得税减半征收。个体工商户在享受现行其他个人所得税优惠政策的基础上,可叠加享受本条优惠政策;从2023年1月1日至2027年12月31日,对于增值税小规模纳税人、小型微利企业和个体工商户,资源税(不含水资源税)、城市维护建设税、房产税、城镇土地使用税、印花税(不含证券交易印花税)、耕地占用税和教育费附加、地方教育附加可以减半征收;小型微利企业享受减按25%计算应纳税所得额的政策,并按20%的税率缴纳企业所得税,这一政策延续执行至2027年12月31日。

排查与解决公司存在的系统性风险

在当前时代红利的推动下,很多个人IP迅速积累了财富,其内心的成就感和掌控感无以言表。然而,业务的快速增长往往使得现有的公司架构和资质无法满足合规经营的需求。此外,公司高层的不合理财务行为也为企业埋下了工商和税务风险的隐患,尤其是以个人IP为核心的高利润公司。公司必须重视合规经营,从上到下树立合规意识,全面梳理系统性风险,并规范财务流程。**身正不怕影子斜,才能从根本上消除风险。**

寻求靠谱的财税老师进行咨询辅导

很多个人 IP 选择将财务工作委托给代账公司进行财务处理和税务申报,这种方式的确省时省力,使他们能专注于盈利性业务的推进。没出事情时,一切看似风平浪静;一旦出现问题,所有责任都由个人 IP 承担。因为代账公司服务几十上百家客户,很难根据单一客户的业务实际情况、财务要求以及财务目标进行全面的规划。如果是小本生意,代账公司能满足基本的做账报税需求,但对于那些高利润、高增长、有一定影响力和知名度的个人 IP 而言,他们缺乏安全感,对于如何使用所得收入感到困惑和焦虑,这种焦虑可能会影响赚钱业务的推进。在这种情况下,对于税务筹划、资产保护和合规咨询等方面的专业指导需求变得尤为迫切。什么样的财税老师是值得信赖的呢?一位靠谱的财税老师需要具备以下特质:拥有全面的财税知识框架,经手足够多的企业案例,经常在一线接触并解决实际问题,有政策变动的敏感性,同时在与税务局打交道时,具备灵活性和拥有专业知识背景。

我是子阳,专注于为个人 IP 等高净值人群提供深入的财务管理解决方案。作为一名资深的财税咨询服务专家,我熟悉网红、IP 达人等高净值人群在财税处理上的独特需求和挑战。本人跨周期深入参与众多头部IP企业的经营，对IP业务的形式和内容有深刻的洞察，成功拆解了上千家公司的结构。根据不同行业、不同赛道以及不同发展阶段，我能够合规、准确、有力地制订出IP专属的财税方案，全方位排查和降低IP的税务风险。

> 要把自己当成一家公司去经营，形成打造品牌的意识，去不断深耕。

友者生存4：为全世界加分

世界上最伟大的公司

■ 平钧（Bruce）

某世界500强公司职业经理人
《论语》爱好者

先问大家一个问题，你认为世界上最伟大的公司是哪一个？是苹果、谷歌、亚马逊，还是华为、阿里、腾讯？我想每一个人都有他自己的答案。**说到最伟大的公司，我的答案是"自己"。对，你没听错，就是自己。**

为什么最伟大的公司是我们自己？因为我们已经来到了人人都可以成为"超级个体"的时代。在互联网和各大社交媒体平台的推动下，尤其是在中国，素人成名已经是一个很普遍的现象。

以前要成为"超级个体"非常困难，除了讯息闭塞、交通不畅的原因外，还有着重重的阶层障碍，也没有那么多的机会。如今，在互联网和全球化的背景下，各个风口的机会不断地涌现，个人如果能够把握好机会，都有可能成为一个"最伟大的公司"，成为一个"超级个体"。

我这里所说的自己是一个"最伟大的公司"，并不是说自己就是一家真正的公司，而是强调要把自己当成一家公司去经营，形成打造品牌的意识，去不断深耕，将个人的每个念想、每次行动和每份努力都视为塑造品牌的过程。终身学习、不断成长和自我改进，通过适当地展示自己的技能、经验和专长，个人可以在职业和生活中获得更多的机会，最终获得成功。

天行健，君子以自强不息；地势坤，君子以厚德载物

成为"超级个体"或"最伟大的公司"确实不是一件简单的事情，但还是有实现的方法和步骤的。我认为《周易》中的这句话"天行健，君子以自强不息；地势坤，君子以厚德载物"可以阐释其中的

奥妙。相信这句话,很多人都听过,那么你真正理解这句话的意思吗?我在这里说一下自己对这句话的理解。"天行健,君子以自强不息"的意思是天体运行没有一刻的懈怠,君子就是要效法天道,自强不息,努力不懈。我觉得这句话放在现代,可以理解为在快速发展的社会中,只有通过不懈的努力,才能保持竞争力,不被时代淘汰。其实我最喜欢的还是下一句话"地势坤,君子以厚德载物",这句话教导我们,要有宽广的胸怀和高尚的德行,以便能承担和把握更多的责任和机遇。在现代社会中,这意味着要善于把握时代脉搏,理解并利用周围的环境和趋势,以便在正确的时机采取行动。我认为这句话也告诉我们,一个有德的君子能够赢得他人的尊重,从而在事业和生活中获得更多的支持和机会。

大家看看董宇辉从原本的新东方老师到后来的直播带货,收入就从原来的每月一二十万元上涨到几千万元。我们可以好好地想一想,董宇辉还是之前的董宇辉,只是他从新东方老师变成了直播带货达人,这中间只是因为赛道不同,变现结果就相差了上百倍。

在竞争激烈的市场环境中,大家要抓住风口,利用时代创造出来的新兴赛道,才能让努力不白费。这其实就印证了大家常听到的一句话"选择比努力更重要"。**如果不知变通,固守旧有赛道,行业间只会越来越卷**。在红海市场中,即使付出极大的努力,也收效甚微。

不确定性、不连续性,活成确定性、连续性

大家有没有觉得,这个时代变化得越来越快?事物更新的速度令人应接不暇?人们习惯追求的稳定性似乎成了奢望,确定性和连续性似乎离我们越来越远。

观察近年来的社会现象，K12教育培训产业的政策调整，导致新东方等教培龙头纷纷破产或转型。新冠疫情的全球蔓延，不仅让实体经济遭受严重打击，也改变了人们的生活习惯，让大家产生了对未来不确定性的担忧。俄乌大战和巴以冲突，这些都带来了人们对战争的恐慌，并伴随着对经济巨大的冲击，对全球经济稳定性和增长前景造成了冲击。

对我们个人而言，这个时代比以前真的快了很多。在工业革命之前，一份工作可以传承三代人以上，甚至几十代都在做同一份工作。但现在，很多人一份工作做不了三年。π型人才的发展路径已经是人人都要面对的课题。

在这个充满不确定性和不连续性的时代，我们要怎样过好这一生呢？**我的答案是：提高自己的确定性和连续性。让自己变得自律、靠谱、热爱学习，不断地自我更新和迭代。**

我们团队中有一位名叫美诺的老师，她每天早上6：30在腾讯会议室举行"复盘慧"的活动。在这个会上，她会邀请团队中优秀的小伙伴分享自己成长的故事。自活动开始以来，她已经连续做了635天，不论是节假日、个人健康状况不佳，还是情绪波动，从来没有间断过。只要到了6：30，我们进入腾讯会议室就会听到她爽朗的笑声通过网络传来，让我们一天都精神满满。"复盘慧"感动了无数人，还吸引了上百位小伙伴加入我们的团队。

一个看似简单的"复盘慧"，其实每天都会面对许多的不确定性和不连续性，如决定主题、邀请嘉宾、海报的制作与审定、演讲稿校对、嘉宾的反复排练、嘉宾临时无法出席的应急方案等。

美诺老师没有一天懈怠，以最好的状态在每天早上6：30与大家见面，她将每天的不确定性和不连续性转化为了确定性和连续性。团队成员们都习惯了在清晨 6：30 准时进入会议室，迎接美诺老师那熟悉的爽朗笑声和嘉宾们的精彩分享，美诺老师也成为我们每个小伙伴心中最信赖、最可靠的人。

每一个人都可以活成美诺老师的样子，将不确定性和不连续性转化为确定性和连续性。我们可以从培养生活中的一些简单的好习惯开始，比如早起。每个早上都可能会有不同的状况，但如果你能坚持下来，其实就是将不确定性和不连续性转化为确定性和连续性。

弱化自我，获得共赢

在追求成为"最伟大的公司"的道路上，我们还要了解一个根本性问题：我们所做的事情是否能够推动世界向前发展，促进社会的进步。简单来讲，就是我们要有利他思维。有些小伙伴可能过于关注个人发展，只考虑自身的利益，忽略了是否能够让周围的人受益，或者带动他人一同进步。这种以自我为中心的心态和做法是不可能获得成功的。

我们往往太关注个人的得失，而忽视了整个大局。往往刚开始的时候，相对于整个组织或社会，我们可能显得很弱小。**如果我们只关心自己的一亩三分地，而不在意其他人的利益和整个组织的前景，那么个人的发展会受到限制。**

在成长初期，其实我们有很多事情是看不清楚的，这时候最好的做法就是弱化个人利益，致力于为整个团队和大局创造最大的价值。实践利他主义的人是最受大家欢迎的，而机会和成功也终将青睐那些为他人着想的人。

> 现在的我,最大的改变应该是学会了示弱与温柔。

友者生存 4:为全世界加分

写在年少有为长大时

■ 帆总(Fancy)

2021 年度福布斯 U30 媒体榜最年轻上榜者
25 岁为 10 人组成的小而美团队分红 5000 万元
外滩企业家中心主理人

我是帆总,出生于 1996 年。我在 20 岁的大二暑假,开始踏上创业之路;22 岁毕业的时候,我不仅成功获得了被称为"中国第二难拿"的上海户口,还在上海买了房,开着一辆保时捷敞篷跑车;在我 25 岁的时候,我累计给我 10 人的小而美团队分红了 5000 万元。

提及我,大家的第一反应可能就是"年少有为"和"白手起家"。

其实我不喜欢用上面这样功利的标签来介绍自己,可此处的我,随了大流,希望能让大家对我印象深刻。

这篇文章,我想分享给所有对"年少有为"充满好奇的朋友。我要讲述的是,我是如何凭借强势、勤奋在事业上取得成就的;也会讲曾经不懂妥协和臣服的我,是如何因为"只关注第一目标"而在人性上遭遇挑战的;最后,我还想谈今天的我,是如何在经历了一次次挫折之后,重新站起来,继续前行的。

从高考失利到上榜福布斯

我的奋斗思路是典型的"先立业,后成家"。

高考前,我的理想是毕业后进入 MBB(麦肯锡、贝恩、波士顿,代表着咨询行业的巅峰)之一的全球顶级咨询公司,但 2014 年的高考并未让我进入理想的大学。像 MBB 这样的顶级咨询公司,录取应届生时十分看重本科背景,于是,我决定放弃"金领"之路。

在大一时,我立下一句誓言:在本科毕业之时,超越所有复旦大学的同学(此处要向复旦大学致敬,它的魅力是如此之大,正是这份魅力,激发了我设定这个目标)。

那么,问题出现了:换道而行,究竟应该选择哪条道?我的回答是:唯有创业。紧接着,第二个问题来了:创业,究竟应该选择哪个行业？我的回答是：选择那些前辈涉足较少的行业。因为这些行业的风险虽大，但对创新和创造性的接受度也高，我才有可能成功。

在探索的过程中，我利用大一和大二的寒暑假时间，完成了3次正规的实习，其中包括两家世界500强企业和一家英语教育创业公司的实习。到了2016年暑假，大二的我将目光投向了自媒体，选择将公众号作为我的战场。如今，自媒体的变现方式——无论是接广告（B2B），还是售卖课程和商品（B2C）——大家应该都很熟悉了。

感谢风口，在我还没完全展现自己吃苦耐劳、坚韧不拔、越挫越勇的品质时，刚刚入行一周的我，就接到了第一个广告，价值3万元人民币。我至今都记得那个广告的细节，它来自一家名叫LL旅游的云南旅游公司，客户支付了1.5万元的现金以及价值1.5万元的云南高端私密旅游服务。所以这一切很神奇，7月底我才刚刚起步，而到了8月底，我就很荣幸地以尊贵客户的身份体验了这次云南高端私密旅游。利用新行业的"电梯效应"，我幸运地抓住了这个上升的机会。

开学后，我就白天上课与写稿，并处理合作事宜。我常常带着我的笔记本电脑，坐在教室的第一排，一边听课，一边忙碌于稿子的创作。那几年，我每天至少深度分析20篇公众号文章，自己动手改写2篇，累计下来，大约研究过4万篇公众号文章。市面上几乎一半的成长类公众号自媒体团队，我都接触过。

正是我创立的第一家公司，将我送上了福布斯的榜单。当时，我心怀一个目标：我要在这家公司工作到退休，最好能在自己30岁生日前，将它引领至上市。

因此，我想在公司内部形成一种亲情般的凝聚力，也像妈妈对待孩子一样，我对每位同事的要求都很严格。

对于内容组的同事，我要求他们能创作出至少在行业内首屈一指、富有创意的标题；对于商务组的同事，我要求他们必须谈下行业内最高的单价；对于课程组的同事，我要求他们讲课要像我一样，既生动有趣，又富有创造性。**我关注结果，不听借口，更不关注团队成员的情绪。**在公司发火，是我那时候的常态。**那时的我，业务能力 100 分，管理能力几乎为 0。**

不好的种子就在这个时候悄然萌发。

高点上的破碎

我后来才领悟到，经营一家公司远不止认真奋斗那么简单。并非只有规模庞大的企业才会上演权力斗争的大戏，即使我们只是一支 10 人的小团队，当利益足够大的时候，内斗的硝烟也会弥漫在空气中。

2020 年冬天，在我的第一家公司成立后的第五年，我迎来了事业的巅峰：我们的第一业务得以高水平复制，第二增长曲线已然成功，单月利润突破历史新高；团队结构多元而包容，每个业务板块都有我特别信任的同事，办公室里每天都有欢声笑语。我在公司里感受到了强烈的正面情感价值。

然而，故事的转折往往就发生在最为辉煌的时刻。

我面临的第一个问题，是我对团队成员的心理不够理解。一开始是我不关注、不懂；到后来，即使我开始关注，却依然未能真正洞察。

一个非常典型的例子是我亲自培养的一个姐姐，她入职前从未做过与该岗位相关的工作，我带着她从 5000 元底薪起步，在她加班很少的情况下，入职不到半年时间，她每个月可以到手三五万元，多的时候达到六七万元。令人意外的是,她在背后评价我:"Fancy(我的英文名)给我的钱太少了。"

她背后的这些言论造成了不好的影响,我忍无可忍,与她正面交锋。那天,我愤怒到声音颤抖,对她说:"既然你背后要这么讲,那我确实亏待你了,你离职吧!"很搞笑的是,她突然一反常态,回答道:"哦,其实也没那么严重,我还挺喜欢我们公司的,你对我也不差,我调整一下,继续留下吧。"我感到震惊,我都明说了我的决定,她似乎觉得自己留下来是对我的施舍。

第二个典型的例子是我当作亲弟弟般对待的小伙伴。我对他无比信任,每当有好的项目,我都会带上他,给他1%~2%的无责分红。然而,对于他自己要负责的项目,一旦到了月末,没有完成月初确认过的目标时,他便会告诉我:"这个目标不合理,做不到很正常,你必须修改我月初的目标。"我问:"这不是一个月前我们共同确认的目标吗?"他说:"反正这个目标不合理。你必须改。"我若不改,他会冲我发火。

还有一个经典案例是我个人买房取得了成功,我们团队中有个同事B,也想效仿我用杠杆买房。为此,她经常请假去外地办手续,这无疑耽误了她的分内工作,同事们对此都很不满,但我还是默许了她的行为。在她支付了买房定金后,她发现在首付的最后期限无法凑足首付资金,于是她很骄傲地来找我借钱,认为我有能力,就应该借给她。我一开始不想借,但我不清楚自己出于什么动机,最终我还是答应了借给她20万元。

到了约定的打款日,由于我忙于其他事务,直到晚上才有时间处理这笔借款,她责备我,原话是"麻烦你抓紧,现在已经8点了……"那一刻,我都分不清到底她是债主,还是我是债主。

在这种情况下，我一边流着泪向身旁的小伙伴 C 哭诉我的委屈，一边安排将 20 万元转给了 B。这个小伙伴 C 事后告诉 B："Fancy 可不想借钱给你了，Fancy 真是不好。"

团队解散，又爱又恨是纯真

我特别苦恼，当时的我知道自己应该有些地方没做好，也愿意积极改正，可是我不知道哪里没做好。那种感受是如此矛盾：**公司以外的所有人见到我，都很喜欢我，都会因为能跟我聊上几句而感到开心和荣幸；然而回到公司，好像大家对我并不欢迎。**

我感到困惑，我如此大方，将 80% 的收益都分给了他人，为什么还会是这样的结果？于是，在 2022 年 3 月，**我们单月营收的最高时期，我实在无法忍受内耗的折磨，主动解散了这支团队。**

解散后的夏天，我内心充满痛苦，夜不能寐。我寻求心理咨询师的帮助，得到了一个我认为太过简单的结论："Fancy，你不应该将太多感情投入到工作关系中。如果你对同事没有情感的负担，你就会更容易拒绝。"

当我写这篇文章时，我刚看完了《甄嬛传》的最后六集。我的脑海里单曲循环着它的主题曲《红颜劫》，演唱者是歌手姚贝娜。"拱手让江山，低眉恋红颜……天机算不尽，交织悲与欢。"笛、箫、二胡共同演奏的悠扬旋律，如同在诉说无尽的忧伤。

我在甄嬛这个角色身上感受到了一种共鸣，那种共鸣是：一个女孩从天真懵懂到被命运选中，历经奋斗、委屈，直至跌落谷底，又靠着顽强生命力触底反弹，重新走上战场，摒弃了迷茫的感情，最终在事业上取得了辉煌的成就。

当然，这一路走来，有失有得，有舍有弃。

我相信很多女性在观看《甄嬛传》时，应该都会把自己代入甄嬛的角色。而《甄嬛传》结局的释然，好像也与我现在的心境相呼应——**纯真成就你，纯真伤害你，你开始讨厌纯真，可你依然珍惜纯真，最终，还是纯真支撑着你。**

学会示弱与温柔

2011 年，《甄嬛传》初登荧屏，那一年我才 15 岁，正值初中毕业，不知人性为何物。优秀作品的魅力在于它拥有等待你成长的耐心。

大方可以解决很多问题，但是钱不能解决所有问题。我用了 2022 年一整年的时间来体会当年的心碎，我太想把第一家公司经营五六十年了，却终究难以实现。后来我和一个刚 40 岁就活得比较通透的老师聊天，他说："我这家投资公司坚持 20 年就已足够。"我追问原因，他说："20 年，足以成就两代人，但当面对新一代时，原本的架构是否还能支撑年轻一代的梦想，就不一定了。"

他说得很对。新人不一定需要旧局。在追求做大的过程中，要学习适时放手。**前进，是相信相信的力量；幸福，是接纳接纳的力量。**

于是，我开始动手书写新的篇章。到了 2024 年，我已经脱胎换骨，拥有了全新的面貌，或者说，一切都是崭新的开始。

现在的我，最大的改变应该是学会了示弱与温柔。换而言之，我学会了管理。这或许是一个从业务奇才向管理高手的蜕变故事。

朋友们，身处领导之位，应学会示弱，追求共赢。**现在的我，不仅是一个行为利他的人，更是一个能够真正根据他人的行为准则进行**

沟通的人。商业的本质,并非仅仅是"利他",而是触动"他的心"。

上榜福布斯,把我带到了大众面前。我想,如果上榜是因为我的成就,那么出书便是我自己主动寻找那些将与这本书偶遇的朋友。

谨以此文,与大家共勉。**明心见性,始终创造,越过高峰,深至隽永。**

> 我相信,只要我们足够努力,每个人都会发出属于自己的光芒。

友者生存4:为全世界加分

只要足够努力,就能发出属于自己的光芒

■ 竣清

千万级私域发售操盘手
北京大学继续教育学院市场营销专业毕业
受邀为法国娇兰品牌分享手机摄影美学
1年带学员累积变现1000多万元

友者生存 4：为全世界加分

你好，我非常开心和你分享我的故事：从一名老师转型摆地摊的人，从一个服务员成长为部门经理，经历投资血本无归，再到带领学员一年内累计变现 1000 多万元。

我叫竣清，来自重庆的一个小山村，现居住在北京。小时候，因为家里地少，每年的收成只够维持半年生计。剩下的日子，我就跟在爸爸身后，提着麻袋，挨家挨户借粮食度日。记得有一次，全家人因吃发霉的馒头而中毒，呕吐不止。那时，妈妈就在我耳边说："等你有出息了，远离这个穷地方，带我和你爸去北京，看看天安门，我这辈子就心满意足了。"

那时，我就立下了一个目标：好好学习，将来努力赚钱，让爸妈能够吃饱饭。为了减轻家里负担，初中的时候，我周末放学后不回家，在餐馆洗碗刷盘子，这样既可以吃饱饭，又可以节省生活费。

历经坎坷，我考上了大学，学了当年很热门的计算机专业，还担任了学生会副主席和班级班长。大学毕业后，在老师的推荐下，我去一所学校当班主任。那时候，我是父母眼中的骄傲，他们在老家逢人就说我当了老师。

一年后，我发现扣除自己的日常开销，所剩无几。我什么时候才能实现带爸妈去北京的梦想？虽然家里能解决温饱了，但谈不上吃得好。我就想着趁父母身体还好，多挣些钱，带他们去吃没吃过的美食，游览想去的地方。于是，我瞒着他们偷偷地辞职，就这样一个人拎着包来到了北京。

我本以为北京高楼林立、机会多多，等我来到北京以后才发现，虽然的确如此，只是没有我的容身之地。为了生活，我发过传单，在KTV 当过服务员，摆过地摊，甚至在洗浴中心当过擦鞋工。那时候，我根本不敢与同学联系，也不敢透露我的工作状况。

因为同学们毕业之后，基本上都是当老师或者公务员，我心里既羡慕又自卑。看到同学们都有一份稳定的工作，有的在短短的几年时间就完成了升职、买车买房，而自己还在为生计发愁，甚至有老家人误以为我在外面做不正当的事情。曾经在学校里也算是个风云人物的我，如今却一事无成，我实在不好意思联系他们。

后来，父母担心我一个人在北京，便带着姐姐、姐夫和外甥一同搬了过来。就这样，一家人挤在一个狭小的平房里，只容得下三张床和一张吃饭的桌子，一住就是三年。

当初，在我租住的房子附近，有一家在北京颇有名气的五星级温泉度假酒店。我之前一直不敢去应聘，担心自己不够格。因为压力实在太大，爸爸和姐夫一个多月都没找到工作。最难的时候，一家人只能吃馒头和咸菜度日，给小外甥做点土豆丝已是改善伙食了。在绝望中，我索性鼓起勇气，硬着头皮去酒店面试，没想到竟然被录取了，在宴会厅当了一名服务员。所以很多时候，压力也是一种动力。敢于尝试，人生才能看到更多可能。

在宴会厅，我一个月拿着1580元的工资，每天根据会议情况搬桌椅，旺季的时候经常两三个月不休息。无论是领班分配的任务，还是实习生不愿干的活，我都全力以赴，只为了提升自己的能力，多挣点钱，以后好换一个大一点的房子。

在宴会厅工作的第10个月，因为我平时表现还不错，被借调到公关部，负责酒店网站、微博、媒体对接等工作。我深知这次机会来之不易，因此更加勤奋努力，每天加班到晚上11点。面对不会写文案的困境，我就在办公室看报纸，学习写新闻稿，浏览各类杂志，研究如何撰写酒店品牌故事。有一段时间，部门招不到美工，我就自学

Photoshop，设计最基础的会议水牌、桌签和简单的海报。每当有明星或企业家光临酒店，我自学摄影，为他们拍照留存影像，用来做宣传。其实生活中很多技能都是可以通过学习得来的。

就这样，我一步一步晋升为公关部经理，这一待就是 7 年。在这期间，我将酒店的微博从 0 粉丝运营至 11 万多粉丝，酒店公众微信从 0 粉丝运营到 1 万多粉丝。这份工作锻炼了我的多项能力。

从酒店离职后，我跟随爱人一起创业。她在北京慕田峪长城、中国建设银行、平安银行、中国劳动关系学院、卫健委等企事业单位讲课，我则成为她的司机和摄影师，记录她的创业历程。

我们旅游至巴厘岛、马来西亚，无论走到哪里，我都用手机记录下美好瞬间。在 2023 年 11 月，我还被法国娇兰品牌邀请，为他们的 VIP 客户讲授手机摄影美学。

所以，你发现了吗？**人生中没有无用的经历，你走的每一步都在成就一个更出色的你。**

随着时间的推移，日子慢慢有了起色，我也实现了带父母游览天安门、参观毛主席纪念堂、爬长城等心愿。我们从硬卧到软卧，再到飞机、轮船，品尝北京烤鸭、日料、西餐、韩式烤肉，入住星级酒店，去重庆、内蒙古旅游，体验他们未曾体验过的生活。

那时，看到别人迅速赚钱，我很羡慕。于是，我跟随他人涉足投资，去全国各地讲课，领导过六百人的团队。开始的时候赚了点钱，我便背着家人贷款加大投资，最后一夜之间损失殆尽。**这让我深刻认识到，人永远赚不到自己认知以外的钱。从此，我决心静下心来，丰富自己的知识储备。**

2020 年，疫情来了，在身边很多人感到焦虑之际，我们开始思考如何既能创收，又能帮助身边的学员。

一天，我在朋友圈发现一则文案培训信息，我便付费 5 万元去学习，就这样我们开启了线上创业之旅。为了提升能力，我还去广州一家大型培训公司深入学习，负责营销和策划工作。

其间，我助力广州番禺区一家火锅店在大众点评的评分从 4.1 分升至 4.7 分。以前来这家火锅店吃饭的客人，对服务、卫生和菜品都给过差评。我为店里做了全员培训，手把手教授他们如何提供走心且个性化的服务，得到了顾客的一致好评。如今，该店每天都需要排队等候用餐，很多顾客表示感受到了海底捞式的服务。

回到北京后，我和爱人共同成立了公司，致力于赋能更多人。近三年，我们开设了 38 期文案营销课和 8 期私聊成交实战营，赋能学员超过 4000 人。我们的学员来自各行各业，包括银行工作人员、美容院工作人员、养生馆工作人员、微商团队、机关人员、高校教师，其中瑜伽教练占比较大，这与我们和一个瑜伽平台的课程合作有关。

一名广州的银行信贷部经理分享了她的转变：以往，她主要处理的是七八万的小额贷款，经过学习后，她开始频繁接触百万级别的大单，甚至有一次达成了高达 600 万元的项目。她的单笔业绩创造了历史新高，一笔保险业务就达到了 143 万元。在累计业绩上，她将原本业绩最差的网点带至支行排名第三，领导还特意安排她进行了一场演讲。在广州的线下课中，她充满信心地说："自己现在做什么事都不怕了，敢于往前冲，因为我知道身后有人支持!"

在北京，一位财富管理规划师在跟我们学习前，每年的业绩不足 200 万元。经过学习，她通过朋友圈咨询和转介绍，2023 年上半年已有了 500 万元的业绩，而且还有更多大单在洽谈中。

在石家庄，帮一位瑜伽馆主策划了一场活动，成功收款 36 万元。

她回忆过去，总是简单地把同行的海报换上自己的 Logo，就算完事，而上一次她自己策划一场活动，仅仅收了 3 万元。

其实，一场精心策划的活动**不仅可以调动馆里老师们的积极性，还可以让更多人知道自己，扩大影响力。**

我们还帮助了黑龙江的一位塑形老师，通过梳理她的课程，设计了一个 19800 元的高客单价产品。她迅速行动，10 天内招收了 10 名学员，收入接近 20 万，而之前她的月收入仅以万元计。

这几年见证了无数人，不是在学习，就是在学习的路上，努力克服各种困难去学习，集多种技能于一身。但许多馆主依然面临财务困境，误认为是自己专业技能不足，继续盲目学习，最后学得焦虑和自我怀疑。

记得不久前，有一个江西的瑜伽馆主，开馆 8 年后，请操盘手策划了一场活动，收款 130 万。这场活动的进场费 5 万，团队提成 6 个点，再扣除操盘团队的费用和销售团队的地推费用，她坦言虽然活动的确赚了钱，但内心感到空虚。她选择加入我们的高客单发售计划，是因为她认同我们的价值观。我们追求的是友善的商业实践，不需要强行推销，也不需要恳求客户支持活动。

同时，我们也见证了一部分瑜伽馆主，学习了我们的营销文案和私聊成交心法后，学会了布局朋友圈，实现了客户的主动付款。她们在店庆预售活动中取得了成功，我们收到了她们的感谢，并由衷地为她们的成就感到高兴。

在这个过程中，我们也在不断成长，建立了自己的导师团队，完成了从 0 到 1 的飞跃。未来，我们想赋能 10 万创业女性，帮助她们拥有将专业知识转化为经济效益的能力！

看得越多，我越发坚定了想要打造瑜伽领域活动操盘第一品牌的决心，要做的事情还有很多，但我们已经在实践中稳步前行。

我希望通过我的经历，能够为你的前行之路提供指引。虽然一路走来诸多不易，但这些经历也赋予了我坚韧和勇气。我相信，只要我们足够努力，每个人都会发出属于自己的光芒。

> 时间管理对于领导者来说是一项非常重要的技能。

友者生存4：为全世界加分

中小企业经营管理经验谈

■ 黄士原

中小企业经营管理经验谈

在过去近 40 年的时间里,我一直致力于中小企业的服务,其中前 20 年我从基层岗位做起,逐步晋升至总经理职位;在后 20 年中,我带领团队独立创业。这些经历让我积累了大量的经营管理经验,我非常乐意在此与大家分享我的心得与感悟。

从小我就是一名品学兼优的好学生,升学之路可谓一帆风顺。大学时期,我进入了台湾地区的"国立中兴大学"数学系学习并顺利毕业。服完兵役后,我就加入了由姐姐和姐夫共同创办的广告印刷公司。这是一家成立不满 2 年的公司,我从基层岗位开始,一步一个脚印地学习和成长。随着经济发展,公司规模也越来越大,开始生产笔记本、年历等产品,最后转型生产文具。

文具行业内部,制笔业尤其是记号笔类的生产,被认为是一个门槛比较高的领域。这类产品对工艺和质量的要求极为严格,稍有不慎就会造成产品出现漏墨或是干燥等问题,进而引发客户的不满、退货甚至赔款的要求。我们自认为处于一个比较尴尬的位置,大企业看不上,小企业做不来。因此,与圆珠笔、中性笔等常见文具相比,我们的竞争环境没有那么激烈。这也正是我们公司能在经历金融风暴、疫情等一系列大小危机之后,还能存活至今的主要原因之一。

在 2003 年,当我正处于职业生涯的高峰时期,我服务满 20 年的公司遭遇了严重的财务危机。因为现金流断裂,导致员工 3 个月领不到薪水,供应商也停止了供货。老板避居海外,当时担任副总经理的我只好出面和供应商协商,安抚员工情绪,让他们继续工作,并恳求客户继续下单支持我们。经过一年的努力,我们才付清员工的欠薪与遣散费,大部分供应商的货款也得到了解决。然而,由于银行贷款金额巨大,加上负责人避居海外不肯出面解决问题,我只好看着服务了

友者生存 4：为全世界加分

21 年的公司被银行查封，不得不结束营业。当时正值壮年的我不知何去何从，但由于有十几年的制笔行业经验，我对整个行业的发展趋势与变化也了如指掌，因此，我决定带着主要干部重新开始，踏上充满挑战的创业之路。

2005 年，我在广东省东莞市桥头镇大洲村开设了工厂，主要业务是生产制造记号笔，并为世界各地的知名品牌提供贴牌生产服务。因产品质量优异，我们深受客户的认可与持续订购，如今公司已经成长为一个拥有 200 名员工规模的企业，这也代表公司肩负着 200 个家庭的未来。自公司成立以来，我们一直积极打造公司文化，期望所有员工不仅把公司视为一个工厂，还希望他们将其视为一所学校和温馨的家庭。我们不仅关注员工的食宿问题，还提供了很多的培训课程，希望大家在公司都能不断学习和成长。

我们的使命是致力于世界教育伟业的创新研发，全力以赴为人类文化的传承贡献力量。我们的愿景是提供优质环保的文教用品。我们的价值观强调责任、诚信和创新。我们相信，人类因梦想而伟大，公司因文化而繁荣，文化的核心正是价值观、使命和愿景。在文具产业中，有许多历经百年的企业，我们的客户中就有一家成立于 1761 年的公司，名叫辉伯嘉。他们的祖先是铅笔的发明者，目前仍是世界最大的铅笔和彩色铅笔生产商之一。辉伯嘉能够延续 263 年，正是得益于其深厚的公司文化。

在经营管理方面，个人认为要想成为赢家，必须做到以下五点：

1. 要有危机意识，尤其是中小企业各项资源比较匮乏，因此更要时刻保持警惕，做好紧急备案。当 A 计划执行不下去时，是否还有 B 计划可以替代并完成目标？避免承接超出自己能力太多的业务，以防不可控因素导致满盘皆输，甚至公司倒闭。

2. 要有沟通能力。不论是服务业还是制造业，领导者最重要的职责之一就是整合资源与沟通协调。如果无法成为一个有效的沟通者，也不可能成为一个让人信服与跟随的领导者。

3. 要有财务管理的能力。钱不是万能的，但是没钱却是万万不能的。很多公司倒闭都是因为资金链断裂。如果领导者不重视财务情况，做出超过公司能力的决策，很可能将公司置于无法承受的风险之中。财务管理有如公司的心脏，如果心脏不健康，公司的整体状况也一定不好。现金流有如公司的造血器官，如果造血功能不佳就容易产生贫血，也就是入不敷出，在这种情况下，需要通过融资或短期借贷才能渡过难关，长期来看还是必须彻底改善财务状况，公司才能转危为安，实现永续经营。

4. 定期检讨与总结。至少一个月进行一次经营检讨与总结，及时纠正不足之处，对做得好的方面给予奖励和激励，营造公司向上的氛围，以促进公司业绩的持续增长。

5. 大处着眼，小处着手。公司要制定目标和方向，同时在执行计划时，要关注各个流程与细节。正所谓"细节决定成败，魔鬼藏在细节中"。只有我们将细节做扎实，才能累积小成果变成大成果。

在追求学习和成长的道路上，企业的领导者尤需关注行业发展动向，预见未来趋势，事先做好各项应对策略，探寻公司发展的新机会。因此，领导层不能整天埋头苦干，还要适时充实自己的知识储备。除了看书和杂志，有机会也要去参加讲座和研讨会等活动，聆听专家学者对行业趋势的深刻见解，这样公司的发展才能顺势而为，实现事半功倍；有机会也要积极参加行业协会，通过行业协会，成员间可以交流行业信息、市场动态、研讨政府政策，并推动奖励政策的倡导及补助申请等服务的提供。这不仅有助于拓展人脉网络，尤其是在促进上下游产业链的整合与策略联盟方面,更能发挥和把握合作良机。

———

有人将健康的身体视作"1",而将财富、事业、名声、人脉等视为"0"。如果"1"倒下了,后面的"0"将变得毫无意义。因此,**一位领导者首先要有一个健康的身体,才能应对忙碌的日常工作与处理不断涌现的大小事务**,才能对员工、客户、股东、供应商以及所有利益相关者承担起责任。除了要注意日常饮食外,领导者还应合理安排时间进行锻炼与减压。有企业家抱怨经常忙到连睡觉的时间都不够,哪有时间锻炼?这可能是时间管理上的误区,导致时间永远不够用。正确的时间管理方法应首先对事务进行分类——区分重要与不重要,再根据紧急与否进行排序。领导者应专注于重要事务,根据紧急程度决定优先次序。优先处理既重要又紧急的事务,其次处理重要但不紧急的事务。那些不重要的事务(如:无意义的会议、没有事先预约的访客、推销电话等)应选择拒绝或是授权请他人代为处理,这样就可以节省大量时间,用于学习和锻炼。时间管理对于领导者来说是一项非常重要的技能。

家庭,是一个人的心灵避风港,对于一位成功的企业家而言,拥有一个幸福美满的家庭至关重要。所谓"家和万事兴,人和万事成",家庭成员都要达成一个共识:家是传递爱的所在,不是争论是非之地。我们要用包容、宽恕和无私的爱来滋养我们的家庭关系。如果家人之间为道理争得面红耳赤,即使争赢了,也可能失去了家庭的温馨。整个家变得冷冰冰的,绝非是大家愿意见到的。因此,有人说爱就是人类的第二颗太阳,它能温暖家庭、社会、国家与世界。每个人都要从小我做起,爱自己,爱家人,让自己拥有一个幸福美满的家庭。真正的幸福不在于拥有多少,而在于计较的多少。如果大家都能放下计较，那么这个家一定是非常和谐而温暖的幸福之地。如果爱是那颗太阳，那么微笑便是阳光，这样的家庭培养出来的成员一定都面带微笑，这种和谐的气氛也会感染周围的人，相信这样的人际关系必然十分融洽。

最后，卓越的领导者一定具备高尚的品德，这是他们受人尊敬与推崇的关键， 员工也愿意跟随这样的领导者，他们的基本人格特质包括存好心、说好话、做好事。领导者还有一个重要特质就是诚信。他们说到做到，一诺千金，因此获得广泛的肯定和支持。这种信任不仅为他们带来更多机遇，也形成了一种良性循环。责任感也是领导者不可或缺的品质之一，有责任心的人一定是积极主动、敬业且充满热情的人。他们做任何事一定全力以赴，追求细节的完美，展现出强大的执行力。尤其在关键时刻，他们敢于挺身而出，承担责任，带领团队渡过难关。这些特质共同构成了领导者的形象。

以上是我个人的浅见，期望能对有志于创业或担任管理职位的人士在经营管理方面提供一些参考和帮助。

在修复内在创伤、疗愈人格的过程中，外部环境的放松与自由至关重要，它是通往内心安宁和人格完整的起点。

自我疗愈，活出自在圆满的人生

■ 张晶花

女性自我疗愈导师
国际注册心理咨询师
国家一级营养师

你体验过人生中迷茫、焦虑、彷徨的痛吗？那种情绪，仿佛被不可控的力量推动，让人不由自主地活成了自己最痛恨的样子。时光来到 2022 年，我 37 岁，幸运地通过自我疗愈找回了遗失多年的自己。对于之前的我来说，这简直不可思议，但又快乐至极。回溯过往，迷茫、焦虑、彷徨曾是我人生中最熟悉的底色。

在 2002 年，我作为一个 17 岁、还在读中专的学生，面临着人生的重要抉择。我一直在思考，是继续读书，还是跨出校门、走向社会？

遗传了父母优秀基因的我，书本上的知识学起来格外轻松，但家境的贫寒、母亲的辛劳奔波、父亲的年迈懒散，这些现实问题交织形成的沉重包袱，压得我快要喘不过气来。拿着母亲凌晨三点起床、靠辛苦贩卖蔬菜换来的学费，我感受到了前所未有的心理重压。

这种负担让我在矛盾与挣扎中几乎崩溃。短短几天时间，我的后脑勺和两鬓的头发，就因为这种负担，从黑色变为斑白。看着一根根黑发变为白发，我的焦虑又增加了。

就这样，我每天都在焦虑的阴影中挣扎，仿佛被无尽的困扰吞噬，那些念头就像幽灵一样，每天无数次在我的脑海中纠缠，无情地霸占着我的内心，让我无法逃避。我挣扎着，试图寻找出路，却发现前路迷茫，未来未知。

这样的经历，你是否也曾有过？人生中的迷茫、焦虑、彷徨……这些痛，经历过的人，就能体会。

负面的情绪如同杀戮者，悄无声息地侵蚀着我的内心。

在遇到某些特定的问题时，我总是忍不住与他人争执，情绪对身体的无情摧残因而不断上演，也无数次地让我感到困扰。

这种情况曾多次侵扰我。我一旦陷入负面情绪，就无法让混乱的内心恢复有序和宁静，所以我每次都感觉非常难受。

每当内心的矛盾被触发或受伤的心被撕裂，只需短短几秒，潜藏在内心深处的巨大能量会瞬间爆发出来。

这种剧烈的反应如同燃烧的火焰，引爆并释放过去压抑的能量。**只有当内心的对抗停止、能量耗尽之时，外界的纷争才会结束。**

情绪体验的过程与对外部环境的波及同步，让我不仅消耗自己的身体健康，还影响了身边的人。

看似是处理问题的过激，实则是我内心冲突与情绪模式的投射，深入究其根源，是我人格中的缺陷所造成的。

因此，我在进行深度自我疗愈后，内心的逻辑得以校正，便摆脱了那些重复上演的剧情。

2014年，父亲离世后，我考虑将独自生活的母亲接到我身边，这样我们就可以相互照顾和陪伴对方。然而，随着相处时间的增加，我发现自己变得越来越像我曾痛恨的人，有时会无意识地伤害到母亲。每当看到她闷闷不乐、面容呆滞时，我就会感到沮丧和窝火，认为她仍旧沉浸在与父亲生活的状态中。我希望她能够活得愉悦、自在、放松，但有时她的反应会让我感到被忽视，这会引发我强烈的对抗情绪。

正如这次，喊了好几声却没有回应，我开始慌张，呼吸急促，一种无力感涌现。感到非常困扰的我开始想方设法让她回应我，甚至说出狠话刺激她。那时的我没有意识到，尽管母亲的身体已经获得了自由，但她的思维、精神、心性似乎仍被囚禁在与父亲相处的模式中。

即使他们已经天人永隔，母亲的内心仍继续保留着那种模式。这让我深感遗憾，现实的改变并未让她觉醒，她的内心深处仍沉浸在与父亲共同生活的记忆之环中。然而，真的是父亲囚禁了母亲的思维与心灵吗？

部分是，但更深层的影响源于母亲的原生家庭。从人格发展的规律来看，当母亲还在原生家庭生活时，就已经在潜意识中构建了一种特定的关系模式。因此，母亲内心的牢笼在原生家庭时期就形成了冰山的底座，而父亲只是冰山的表层。

随后，母亲依据这个牢笼的模板，在茫茫人海中寻找一个能映射它的镜像，这个人就是父亲。背后的原因在于，父亲的性格与外祖母或外祖父相似，于是两人走到了一起，形成了一种嵌合模式，不断重演她在原生家庭中的生活剧情，让她从中获得相同的情绪体验。

每一次的重演都像雕刻刀在冰山表面划过，使得原本已经深刻在母亲童年心灵的牢笼更加坚固。

父亲仅仅是母亲内在关系模式的外在映射，而母亲童年深藏于心底的巨大冰川，才是真正令她不开心的根源。在新生家庭中，原生家庭关系模式的再次强化，使母亲52年的心灵牢笼愈加沉重。

露易丝·海曾在书中提及，一个人的关系模式基本在5岁左右形成，然后开始循环。当我看到母亲57岁的身影，我不禁想，那些她最关键的阶段和最美好的时光，她都用来为自己建造与强化她的心灵牢笼。这使得她非常难以察觉和破除牢笼，从中走出来。尤其当她的认知没有提升，无法感知自己身处囚禁之中时，期待她能够自发获得心灵自由，这简直是我的痴心妄想。

然而，我并不想就此放弃，我仍然坚信，尽管她的心灵牢笼沉重，但她仍有挣脱的可能。我希望她能感受到自由的气息，展露轻松的笑容，而不是像困兽般，日复一日地守望。

我理解她的困境和挣扎，我知道要帮助她需要深入了解她的内心世界，需要耐心等待并给予足够的支持与关爱。

友者生存 4：为全世界加分

但我的话语，曾经即使是出于激励，也似尖锐的刀锋，深深地刺入了母亲的内心深处。对于自己的无心之伤，觉醒后的我深感懊悔。

那时，我多么希望，自己话语中的爱能像阳光一样温暖她，照亮她内心的黑暗角落。父亲虽然离去，但他留下的痕迹仍然深深烙印在母亲和我身上。

我曾深感困惑，为何离开父亲后的母亲和我共同生活时，仍然保持着原状。我不明白，自己的言语在无意识中继承了父亲的观点。

人格的构建就是如此微妙而复杂，我们对于越是讨厌的人，越会在潜意识中深刻地记住对方的信息，从而让我们的性格受到影响。这个过程是如此无意识且全息，以至于它被内化为我自己的行为系统而不自知。因此，在和母亲共同生活的日子里，我以自己最讨厌、最痛恨的方式，重新强化了母亲心中的牢笼。这层层加固的牢笼，包含了母亲的原生家庭、她和父亲组建的家庭以及她和我共同生活的家。这一切都让母亲感到压抑、憋屈和痛苦，也让我看到了她内心的挣扎和痛苦。

如今，觉醒后的我回首过去，深感母亲的艰难与痛楚，也为自己曾对她的伤害感到自责和惭愧。我意识到了问题的本质，并决心帮助母亲打破过去的牢笼，迎接新的生活。我相信随着时间的推移，母亲会感知到生命的自由，她的灵魂会重新焕发出生机。这样的改变将会让她找到真正的自我，活出内心的喜悦与欢乐，我对此十分笃定。

神奇的是，独立出来的母亲，其状态果然朝着我希望的方向发展，与此同时，不再与母亲共同生活的我，自我疗愈的进展也异常迅速。

原来，我曾扮演的角色在操控母亲，而母亲内在的父母人格也在反向控制我。我们都在角色的错位中，让时空发生了错位。与母亲相处时，她总是挑剔我，觉得我哪里都不够好，让我在无休止的挑剔与指责中迷失了自我，长期处于焦虑的状态，导致我易怒、内心动荡不安，加上一触即发的肾上腺素作用机制，这一切都让我深感困扰。

每当受到批评，我便会陷入紧张、羞愧、屈辱、无能和沮丧的旋涡，内心仿佛被巨浪掀翻，不知所措。

在这样的心境下，内心的宁静变得遥不可及，真正的自我疗愈也变得困难重重。

我的心神完全被自身的缺点所占据，无法专注于内在的成长与修复。这种内心的纷乱不仅影响我的情绪状态，还束缚我的外在注意力和意识能量，使我陷入无尽的自我消耗中，难以自拔。

多年来与母亲共同生活的经历让我深刻体会到，没有内心的宁静，就无法实现真正的疗愈与重生。因此，在修复内在创伤、疗愈人格的过程中，外部环境的放松与自由至关重要，它是通往内心安宁和人格完整的起点。

我们只有在足够舒适的空间里，才能真正进入内在疗愈，使用自我疗愈的方法论与步骤后，即可提升疗愈的速度与效果，推动自我往理想的自己走，继而活出自在圆满的人生。

> 在学习的道路上,高山与暗礁变幻莫测,唯有坚韧不拔,才能完成目标!

友者生存4:为全世界加分

读懂关系和生活,捕捉梦想的火星

■ 悦平

族豪教育创始人
健康管理师
家庭教育指导师

希望与幸福感、创造力，源于捕捉梦想的火星，哪怕只是一闪而过的火花，也足以绽放光芒！

读父母和兄弟姐妹

原生家庭是我们无法选择的，但我们可以选择自己的道路。

我爸是一位普通职员，他的优点是亲和力强、专业素质过硬，所以倍受尊敬。我妈是一位典型的农村妇女，她的优点是从来没有对我们发过脾气。他们用心持家，是我们学习的好榜样。我爸曾兼职协助我妈养猪、种香菇、发电。爸爸妈妈都很有担当，为父母、爱人、孩子都付出了很多。

据说我妈小时候学习成绩优异，因为领悟力和记忆力强，常常受到老师表扬，还被选为小老师，但因为家里农活多，妈妈不得不放弃学业。她勇敢地为学习争取时间，这让我很受启发。

记得小时候，我妈妈总会忙里偷闲带我们去看当时流行的莆仙戏，也会在晚上睡觉前讲各种各样的莆仙戏故事，如《状元与乞丐》《狸猫换太子》《玉蜻蜓》《花木兰从军》等。这难道不是最好的亲子阅读陪伴吗？妈妈极具耐心。

我的爸妈没有给我讲过大道理，他们用朴实的生活态度，让我留意到了梦想的火星，无形中在我的内心世界留下记录。我和哥哥弟弟一起上山采野果、烤地瓜，下河摸鱼、抓虾，在田野里搭建漂亮的草房子，在空地里玩跳皮筋、摔纸牌的游戏，还扮演过莆仙戏里的各类角色。尽管我们玩得一样快乐、有同样的父母，但哥哥和弟弟没能及时捕捉梦想的火星，他们不善于从环境中获取信息，后来他俩只上了初中。

我希望有一天，我们一家人能共同书写新的奋斗故事。

读生活

成长总是在悄无声息中发生。父母、同学、老师没有过多谈论梦想与不同职业之间的关系，然而，生活可能只因一个信息的火星，就会点燃新的希望。

我9岁时，家里终于买了电视机，从此我有电视看了。有一天，电视上的一幕深深触动了我：一位老师带着一群学生快乐地学习。这个场景让我产生了人生的第一个梦想：长大后，我也要当老师！教给学生知识和技能，传递快乐。我从电视画面中捕捉到了梦想的火星。

在当时的农村，只有少数人能在心底避免留下贫穷年代的心理阴影，而我是少数的幸运者之一。**因为我的内心一直闪烁着梦想的火星，它让我感恩，让我珍惜，让我感到富足。**

生活还在继续，我希望未来我能将发现并捕捉梦想火星的这一过程写成书，并与更多人分享，也许能帮到有需要的人。

读中学时代

在中学时代，我并非没有遇到过学习的困难，也许是因为我内心有梦想之火，所以才一路做自己，一路向前！

初三时，有一位前辈告诉我，选择读高中，未来考大学更好！那一刻，我清晰地记得自己暗下决心：我一定要考上大学！

这是我9岁立志当老师后，第二次强烈感受到梦想的召唤。我一定要考上大学！虽然在偏远的农村，大学的概念对我来说非常模糊，但我内心有清晰的奋斗目标。凭借努力,我顺利考入了高中,在当时升学率只有30%的年代,我是幸运的。

然而,进入高中后,我深刻体会到:失去梦想的火星,可能停滞不前,甚至改变奋斗的轨迹。当时命运似乎在同我开玩笑,我的成绩开始下滑,化学只考了50多分,我第一次高考名落孙山!但我内心梦想的火星,虽然小到无人知晓,但能让我克服困难、调整心态,驱使我选择复读。面对紧张、焦虑和巨大的压力,一年很快又过去了,我的化学成绩进步不明显,第二次高考依然没有如愿考上大学。我的失败不仅仅是没有考上大学,更是对我的努力是否有效的质疑。但我没有被打败,我坚强地安慰父母,选择了第三次备考。我回到学校,自己调整心态,认真规划,制订学习计划,安排作息时间,不畏缩,迎难而上!面对老师和同学们的异样眼光,只有我自己明白,梦想的火星还在,我坚定而淡然地屏蔽了各种负面因素,专注于目标。最终,第三次我如愿地战胜了"不可能",考入了心仪的师范大学数学教育专业,成为当时我们村、我们生产队的第一位女大学生。我感谢成长过程中的梦想之星,它一直引领我攀登学习的高峰!

在学习的道路上,高山与暗礁变幻莫测,唯有坚韧不拔,才能完成目标!

读工作

始终怀着满腔热忱,面对内心的追求,这既是我生活的态度,也是我工作的指挥棒。因此,在工作中,我一直认真负责,并能够出色胜任。在参加工作的第三年,我就被任命为数学组组长,并连续多年被评为校级优秀班主任、区级学科带头人。在教育教学过程中,我不断用自己求学时的坚定信念开导那些迷茫的学生,启发那些睿智的学生,激发他们心中的梦想火星,形成突破"不可能"的坚定信念,培养出一批又一批优秀学生。

十年后,我开始勇敢探索创业这一全新领域!从三尺讲台转向更广阔的社会大讲台。

在工作中,热爱、兴趣以及社会需求,这三根指挥棒共同谱写着一个个动人篇章。

读自己和爱人

有家才有国,我和我的爱人共同谱写着社会的和谐和进步。

我和我的爱人是高中同学。他家境贫寒,以至于他和他弟弟上学的学费几乎都是借的。他曾经利用暑假去卖白粿等老家的特产,去公司帮忙抄写广告,自力更生以补贴生活费用。遇见我后,是我的坚定和支持激励他克服了内心的不安定,而他内心渴望梦想的火星也开始熊熊燃烧,使他像我一样,脚踏实地,不畏前方的重重困难。

在过去的 25 年职业生涯中,他通过持之以恒的努力,成为公司首批被选派去进修 MBA 的员工。对于每一次小小的进步和晋升,我们都会买两瓶啤酒,举杯庆祝,用美味的蛋炒饭作为对自己的奖励!我们认真地规划每年的目标和每个 5 年的长远目标。25 年来,他的总评获得了 25 个 A。从一名普通技术工人开始,通过自己的努力和公司的培养,他在 2014 年被选为上市公司的总经理。在工作中,他总能与时俱进,将问题转化为工作案例,将困难化作力量。在生活中,我们是同学,是好朋友;在工作中,我们是彼此的引导者和支持者。如今,他已晋升为集团的执行董事。我们共同追求的梦想火星越来越耀眼,我们彼此尊重,相互支持,立志白手起家,成为专业人才,共同撑起一片蓝天。家庭的梦想火星铸就了一位优秀的公司执行董事,也陪伴我走过了25个春秋。我们还有2个优秀的孩子。愿我们的家未来充满书香,每个人都贡献一份力量!

我、我的爱人、孩子们,每个人都是独一无二的。让我们齐心协力,紧跟党的步伐,勇敢地迈向远方。

读创客生涯、未来与恩师

我渴望站在讲台上,向学生们传授营养学、心理学和国学知识,曾期望能像专家们一样,面对成千上万的人,其中有家长和学生,巡回演讲,呼唤"梦想激励人生"。我曾梦想着创建一所特色学校,能有机会带领一批又一批有心人,共同成为"族豪"的创始人。族豪有三个进阶标签:足够豪!祝大家都豪!成为家族及民族的自豪。我抓住互联网带来的机遇,让未来的梦想火星逐渐燎原。有了内心的笃定,我调整了人生规划,而且付诸行动,开始学习、实践和领悟。我努力学习心理学、营养学、管理学、互联网等课程,并学以致用,服务大众。我不断争取更多的学习机会,向顶级高手和有成果的老师们学习,学习成功的思维模式和实现梦想的逻辑。我致力于成为一名优秀的互联网创客教练导师,为未来创建一所以"族豪"创始人为主导的、培养综合领导力的理想学校做好知识和能力的储备。

作为互联网创玩家,我致力于让互联网成为国人日常追求更美好生活过程中不可或缺的强大资源,让"人人是恩师"的理念深入人心。

人生其实比我们想象的简单,只要我们认识到梦想火星的力量,

就会拥有一股追求更精彩人生的力量。不忘初心,即使只是一点火花,也要抓住梦想的火星,实现梦想!

创新未来,对标目标恩师,惊喜在望。

父母的温暖、兄弟姐妹的陪伴、学习的毅力、工作的掌控、爱人的深情、孩子的新希望、未来的超越、恩师的指引,这些如同珍珠般宝贵的经历,用心用梦想的火星将它们串联起来,形成一条璀璨的项链!

你我都值得拥有这样的人生!